海洋要素计算上机实验指导书

刘永玲　杜　凌　李静凯　翟方国　著

中国海洋大学出版社
·青岛·

图书在版编目（CIP）数据

海洋要素计算上机实验指导书 / 刘永玲等著. —青岛：中国海洋大学出版社，2021.7
ISBN 978-7-5670-2880-7

Ⅰ. ①海… Ⅱ. ①刘… Ⅲ. ①海洋水文—要素分析—分析方法—高等学校—教学参考资料 Ⅳ. ① P731

中国版本图书馆CIP数据核字（2021）第145587号

海洋要素计算上机实验指导书
HAIYANG YAOSU JISUAN SHANGJI SHIYAN ZHIDAOSHU

出版发行 中国海洋大学出版社
社　　址 青岛市香港东路23号　　邮政编码 266071
网　　址 http://pub.ouc.edu.cn
出 版 人 杨立敏
责任编辑 邹伟真
电　　话 0532-85902533
电子信箱 zwz.qingdao@sina.com
印　　制 青岛海蓝印刷有限责任公司
版　　次 2021 年 7 月第 1 版
印　　次 2021 年 7 月第 1 次印刷
成品尺寸 170 mm × 240 mm
印　　张 4.5
字　　数 95 千
印　　数 1-1500
定　　价 29.00 元
订购电话 0532-82032573（传真）

前 言

海洋要素计算课程的上机实践训练已开展10多年了，实践训练环节的增加有助于培养海洋科学专业学生在处理和分析海洋要素数据方面的基本技能。从最初的摸索前进到慢慢取得一些成绩，没有配套的实验指导书成了课程发展的制约。

该课程的实验课时设置为每学期16学时，目前课程设置的实验内容主要分为六大实验项目，其中长期水位资料的调和分析和地转流计算2个实验各占4学时，其他4个实验项目各占2学时。由于设置的学时有限，仅靠课堂时间安排，学生根本无法完成实验，所以必须在课前进行大量的实验准备工作。由于缺乏实验指导书，很多学生在课前的预习都不充分，在课堂上提不出问题，坐等教师现场指导，而课堂时间有限，教师根本来不及一一指导。这样的后果就是不但浪费了学生宝贵的课堂时间，还会出现课后相互抄袭的现象。对海洋要素计算上机实验这门课程而言，实验指导书的资源建设是非常必要和重要的。

因此，目前亟须建设一套实验教学指导书，辅助该课程的系统开展，指导学生课上课下进行合理的实践训练安排，提高实践课的课堂效率，提高学生学习的主观能动性。

本书主要依托《海洋水文环境要素分析方法》这本教材编写，也离不开《海洋要素计算》主讲老师杜凌、翟方国和李静凯的指导和帮助，在此对他们表示衷心的感谢！

因笔者水平有限，书中难免出现错误和不妥之处，衷心希望读者提出批评和指正。

笔者

2021年1月

内容简介

本书是海洋要素计算课程的配套实验教材指导书，包含各知识模块的实验。本着以学生为主体，引导为主、示范为辅的原则，所设计的实验项目均具备综合性和创新性，强调学生自主地开展技术研究和进行实验方案设计，以启迪学生科学思维和创新意识，有利于调动学生主观能动性，提升其解决问题的综合能力。

全书内容具体分为六部分：海洋观测数据的预处理——奇异值判别与处理；海洋温盐资料分析——EOF分析；海洋温盐资料分析——回归分析；长期水位资料的调和分析；地转流计算；海浪资料统计分析。

本书适合作为海洋科学专业本科生的海洋要素计算实践实验课的指导书。

目 录

实验一　海洋观测数据的预处理

——奇异值判别与处理

一、实验目的

（1）了解海洋观测资料异常数据判别检验的常用方法；

（2）掌握潮位数据奇异值的判别和处理方法。

二、实验意义

海洋观测数据资料的质量直接影响数据分析结果，影响海洋环境管理决策的科学性、准确性和可靠性。在对数据进行研究分析之前，对其进行严格的质量控制，是数据分析和应用的基础。本实验中的奇异值的判别与处理就是数据质量控制的基础处理。

三、实验平台

（1）计算机；

（2）Matlab、Fortran 等软件。

四、实验内容

（1）海洋观测站潮位数据奇异值判定；

（2）奇异值处理，生成新序列；

（3）计算新序列与原序列的平均值、标准差。

五、实验数据

含有异常数据的某验潮站逐时潮位数据。

六、实验原理

1. 海洋观测数据质量控制

海洋观测数据是海洋调查的初步成果，反映了调查要素分布和时间变化的重要信息，是海洋科学研究的基础数据。海洋观测数据主要包括海洋站(点)、浮标潜标、岸基雷达和卫星遥感等获取的海洋数据。海洋观测数据随时间的变化相当显著、复杂，且受多种叠加因素影响，因此在利用数据进行研究分析之前，必须对数据进行处理和质量控制，及时发现其中的异常数据信息，并根据分析研究的要求，对观测数据做必要的预处理，即对数据进行修改和查证处理，从而将其中的错误减到最少，提高数据质量，确保数据的可靠性、代表性和可比性。

2. 海洋观测异常数据的判别检验

异常数据的判别和处理是在海洋站观测数据质量控制中需解决的重要问题。异常数据主要包括两类：① 正确的异常数据，它是现场海洋环境的真实记录或海况急剧变化的真实反映，如台风过境时风速、水位观测数据的异常增大等，都是正确的异常值，对于这种异常值，质量控制时要保留数据值，并做出“数据正确”的标识；② 含有过失误差的异常值，它是由于仪器失灵、外界干扰或观测人员失误造成的错误记录，对于这种异常值，在数据质量控制时应加以修正、剔除或做出“数据可疑”的标识。

海洋观测数据资料的质量控制分为计算机自动质量控制和人工质量审核两种主要形式。在质量控制过程中一般根据实际情况选择质量控制形式对数据文件进行质控处理，直到错误或可疑数据全部改正、替换为缺测值或标识上质量符。异常数据检验是数据质量控制的重要内容之一，异常数据的判别检验方法有多种(杨扬等，2017)，比较常用的有以下几种。

(1) 范围检验方法

范围检验是根据观测要素自身的特点，确定要素的正常取值范围，如果超出该范围，则认为数据异常。范围检验又可分为以下几种主要方式。

1) 极值范围检验

一般情况下，某固定区域某要素观测值超出该地要素的多年(一般不少于20年)统计极值范围时，数据可疑。即观测值应满足公式(1.1)，否则判定其为异常值，需进一步分析。

$$X_{\min} \leqslant L \leqslant X_{\max} \tag{1.1}$$

式中，X_{min}是该要素多年统计的最小值；X_{max}是该要素多年统计的最大值。

2）经验范围检验

根据个人以往的工作经验或文献中获得的要素取值范围作为质控参数，如果超出该范围认为数据可疑。

3）仪器量程范围检验

在不明当地的气候状况时，以观测仪器的量程范围作为质控参数，超出该范围数据可疑，需要进一步的综合判断。

（2）统计特性检验

理论上海洋观测资料往往具有一定的概率统计特性，数据对应的随机变量和随机过程既相互独立又服从一定的分布，时间序列资料对应的随机过程也是平稳的或周期性的。根据数据的这些特性，建立分布拟合函数，对其进行卡方拟合优度检验（抽样检验数据实际对应的概率密度是否与假设的理论密度函数一致），最后采用轮次检验方法检验观测数据是否是独立的，独立的数据往往都是异常值。数据检验中常用的莱因达准则、格林布斯准则均属于统计特性检验方法。

1）莱因达准则

莱因达准则规定与观测值 x_i 相应的剩余误差 v_i 应满足公式（1.2），否则认为该剩余误差异常，对应的观测值也异常。

$$v_i \leqslant 3\sigma \tag{1.2}$$

式中，观测值的剩余误差 v_i 由公式（1.3）计算得到；σ 是观测值的标准差，由公式（1.4）计算得到。

$$v_i = |x_i - \overline{x}| \tag{1.3}$$

$$\sigma = \frac{1}{n-1}\sqrt{\sum_{i=1}^{n}(x_i - \overline{x})^2} \tag{1.4}$$

式中，n 是观测值的总数；$\overline{x}$ 是观测值的平均值，由公式（1.5）计算得到。

$$\overline{x} = \frac{1}{n}\sum_{i=1}^{n} x_i \tag{1.5}$$

2）格林布斯准则

格林布斯准则规定，要素观测值需满足公式（1.6），否则数据异常。

$$|x_i - \overline{x}| \leqslant G(\alpha, n)\sigma \tag{1.6}$$

式中，x_i 是观测值；$\overline{x}$ 是观测值的平均值，计算公式见公式（1.5）；σ 是观测值的标准差，计算公式见公式(1.4)；n 是数据序列中样本个数；$G(\alpha,n)$ 是格林布斯临界值，计算公式见公式(1.7)。

$$G(\alpha,n)=\frac{n-1}{\sqrt{n}}\sqrt{\frac{t^2(a/n,n-2)}{n-2+t^2(a/n,n-2)}} \tag{1.7}$$

式中，α 是显著性水平(α 最大为 0.1)，t 是自由度为 $n-2$、显著性水平为 a/n 的单边界检验 t 分布的临界值。

(3) 连续性检验

数据连续性检验常用方法包括以下几种。

1) 梯度检验

海洋观测数据在一定的时间或空间范围内具有连续性，时间接近或者位置邻近的观测要素变化值应该在一定范围内，否则认为数据异常。

2) 尖峰检验

海洋观测数据在一定的时间或空间范围内变化是有限的，若出现较大的突变，这一突变值与周围观测值明显不同，则判定其为异常值。

3) 恒定检验

在观测仪器灵敏度和精度足够的情况下，海洋观测要素受流体动力因素的影响，在一定时间或空间范围内不会恒定不变，若恒定不变则数据可能异常。

以上的连续性检验的具体实施方法可参考国家标准 GB/T 14914 海洋观测规范中的数据处理与质量控制部分。

(4) 可视化图形检验

在一定的时空范围内观测要素的变化是连续的，根据观测要素的特性，通过绘制可视化图形，可直观地判断出尖峰值、缺测值等突变的异常值。

奇异值的初步判定方法还有很多，如相关性检验、空间一致性检验等。在判断奇异值时，可以使用一种方法或者是几种方法配合使用。

七、实验方法步骤

1. 奇异值判定

根据潮位数据的连续性、周期性等特征，本实验中奇异值的判定可以结合以下两种较为简单的检验方法进行。

(1) 可视化图形绘制检验

读取数据文件(某观测站的水位)并绘图，判断异常值的个数及位置。

由于观测要素水位是每小时一个数据，变化是连续的、相对平缓的，因此，绘制可视化图形可直观地判断出有几个异常值。绘制水位要素的时间序列过程曲线图（图 1.1），如图 1.1 所示的尖峰值通常就是异常值。图 1.2 是异常值处的局部放大图。

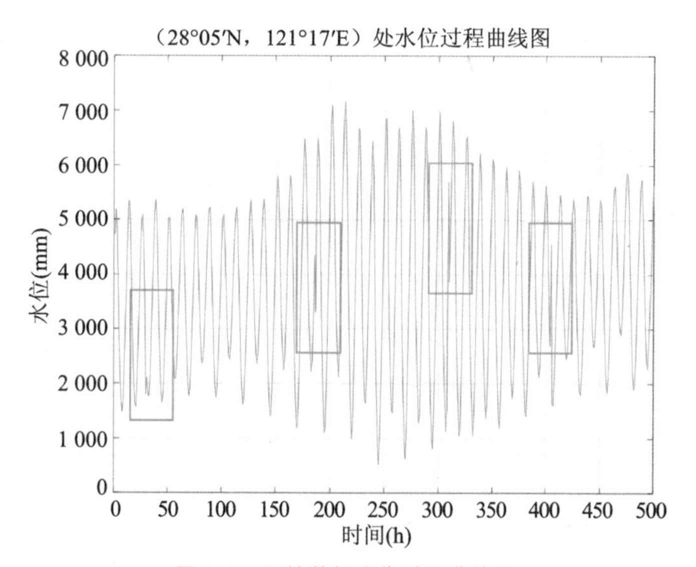

图 1.1　原始数据水位过程曲线图

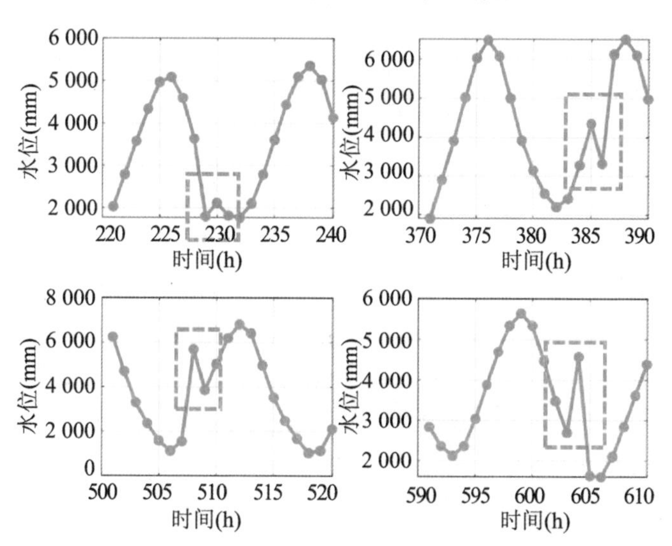

图 1.2　异常值局部放大图

(2) 变率判别法

从图 1.2 中可以看出数据的异常值出现在极点处，并且和其临近的点是成对出现的，在初步判断异常值的个数后，还需要准确判定其位置。潮位要素数据在一定时间范围内的变化是连续且有限的，利用这一特性，可通过尖峰检验结合变率判别法进行奇异值位置的确定，即根据尖峰点与左、右相邻两点斜率的符号变化可初步判断奇异值的大约位置。

注：用变率判别法会出现伴生值(其临近正常值点)，因此判定时应结合其他检验方法进行伴生值的剔除。

2. 奇异值处理、生成新序列

奇异值处理方法：根据水文要素序列的特征和分析要求，采取简单剔除或进行插值处理(左军成等，2018)。

简单剔除：剔除奇异值点，将其余各点存放在一个新数组中。

数据插值：对非均匀的数据进行处理，选取合适的插值函数(如线性插值、多项式插值、样条插值等)，选择合理的插值判据(如最小二乘估计等)精确匹配原始数据，计算新的水位值，替换奇异值，得到新序列，并将其存放在新的数据文件中。

3. 新序列与原序列的平均值、标准差计算

平均值计算公式：

$$\overline{x}=\frac{\sum_{i=1}^{n}x_i}{n} \tag{1.8}$$

标准差计算公式：

$$S=\sqrt{\frac{\sum_{i=1}^{n}(x_i-\overline{x})^2}{n-1}} \tag{1.9}$$

八、实验要求

(1) 预习实验指导书，明确实验目的、内容、原理及方法等内容；

(2) 熟悉与本实验有关的 Matlab 和 Fortran 软件(彭国伦，2002；林晓彤，2006)的编程方法及常用命令的语法；

(3) 新序列做好备份，将作为下一次编程的初始数据；

(4) 提交全部的相关源程序、相关数据文件和实验报告，并将所有文件放入同一压缩文件中，文件命名方式：姓名一学号一实验一. zip，确保压缩文件可解压。

九、实验思考

（1）变率判别法有哪些应用局限？如何解决？

（2）在本实验异常值的判别中结合要素本身的变化规律，尝试提出其他判别方法。

十、实验报告

实验完成后需要提交实验报告，报告格式、内容等要求如下。

（1）实验报告格式为 word 或 pdf；

（2）实验报告模板及其撰写要点详见附录Ⅰ，报告内容宜包括但不限于以下几项：① 实验过程流程图；② 实验过程的程序说明；③ 实验结果可视化图片展示；④ 结果分析与讨论。

注：实验报告内不要包含程序代码，程序的注释直接写在源程序里。

实验二　海洋温盐资料分析

——EOF分析

一、实验目的

(1) 掌握经验正交函数分解(Empirical Orthogonal Function，EOF)方法；

(2) 能够熟练运用 EOF 方法研究海洋要素场的时空分布特征。

二、实验意义

实际海洋观测资料是同时受多个变量共同影响的，多个变量之间也是互相影响的，其关系非常复杂。EOF 方法可以实现用少数变量反映原来多变量的信息，能够有效地体现物理场的主要信息，保留次要信息并排除外来的随机干扰，客观地反映要素场主要特征。EOF 方法的应用不受空间站点、地理位置、区域范围的限制，可直接由原观测点的要素值进行场分解，能较好地反映场结构的基本特征，适用中、大尺度分析。

许多海洋上常用的指数都是由 EOF 分解的时间序列得到的，如海洋研究中常用的 Nino3 指数、AO 指数、PDO 指数等。本实验通过对海表温度(Sea Surface Temperature，SST)数据场资料的 EOF 分析训练，可以让学生更好地理解空间模态及时间系数的物理意义，从而加深对 EOF 方法的认识和理解，提高利用该方法研究实际问题的应用能力。

三、实验平台

(1) 计算机；

(2) Matlab、Fortran 等软件。

四、实验内容

利用 SST 数据资料，计算 Pacific Decadal Oscillation(PDO)指数(Nathan J M 等，2002；姚嘉惠等，2018)。

五、实验数据

1900 年以来的全球月海表温度数据集 ERSSTv5(NOAA Extended Reconstructed Sea Surface Temperature，Version 5)，数据介绍详见附录Ⅱ。

六、实验原理

1. EOF 方法简介

EOF 方法最早由英国统计学家 Pearson 在 1902 年提出，美国气象学家 Lorenz 在 20 世纪 50 年代首次将其引入气象和气候研究，目前是海洋、气象上多变量分析常用方法之一(左军成等，2018)。

关于 EOF，要先从主成分分析说起，根据主成分的定义及性质，可以利用多变量之间的相互关系，构造几个新变量，这些新变量不仅能综合反映原多变量的信息，且彼此独立又按方差贡献大小排列。EOF 方法正是依据这一思想建立的。

海洋要素是时间、空间变化极为显著的变量，利用 EOF 方法可进行 SST 场的时空变化特征分析，把 m 个空间点的 n 次观测场的序列，进行经验正交函数展开，将其分解成空间模态与时间系数两部分，以体现物理场的空间分布与时间变化特征，EOF 方法分解原理示意图见图 2.1。其中，空间模态部分概括了要素场的空间分布特征，它不随时间变化，而时间系数部分则由空间点的线性组合构成。

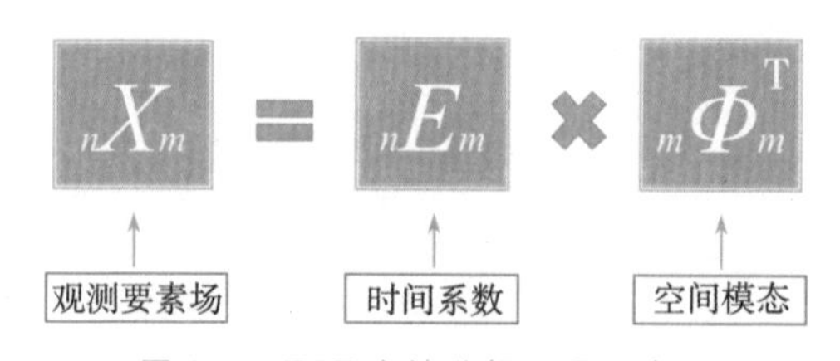

图 2.1 EOF 方法分解原理示意图

2. SST 的 EOF 分析

(1) 数据预处理

EOF 只是一个统计学方法，不带有物理意义，在数据导入之前需要根据研究目的，对数据进行分析和预处理，以免得到错误的或者不理想的结果。

数据预处理的方法：首先是对数据资料的有效性进行一个简单的分析处理，包括缺测值和异常值的处理等。其次，要针对研究目的，基于数据时间尺度、分辨率等基本信息的了解，进行进一步的数据分析处理，具体处理方法一般是通过滤波排除数据的干扰信号，如数据资料是月分辨率数据，则数据包含的时间信号尺度可能就有季节内变化、季节变化、年变化、年际变化、年代际变化以及线性趋势，而分析需要的只是其中的年际变化信号，所以要排除干扰因素就需要对数据进行滤波。关于滤波的方法有很多种，如年平均、滑动平均、带通滤波、谐波滤波、线性去趋势等（陈上及等，1991）。

（2）SST 场矩阵

设有一组数据为 m 个站，每个站的资料长度为 n 个月的水温月平均资料 $X_{ij}(i=1,2,\cdots,m;j=1,2,\cdots,n)$ 用矩阵表示即为

$$ {}_nX_m=\begin{bmatrix} x_{11} & x_{12} & \cdots & x_{1m} \\ x_{21} & x_{22} & \cdots & x_{2m} \\ \vdots & \vdots & & \vdots \\ x_{n1} & x_{n2} & \cdots & x_{nm} \end{bmatrix} \tag{2.1} $$

EOF 分析就是把 SST 场 ${}_nX_m$ 分解成正交的时间系数 ${}_nE_m$ 和正交的空间函数 ${}_m\varnothing_m$ 乘积之和。

$$ {}_nX_m={}_nE_m\times {}_m\varnothing_m^{\mathrm{T}} \tag{2.2} $$

以各站水温的距平值替换公式（2.1）中的水温值 X：

$$ \begin{cases} \Delta x_{ij}=x_{ij}-\overline{x}_j\,(i=1,2,\cdots,n;j=1,2,\cdots,m) \\ \overline{x}_j=\dfrac{1}{n}\sum\limits_{i=1}^{n}x_{ij}\,(j=1,2,\cdots,m) \end{cases} \tag{2.3} $$

则水温距平矩阵及其转置矩阵为

$$ {}_nX_m=\begin{bmatrix} \Delta x_{11} & \Delta x_{12} & \cdots & \Delta x_{1m} \\ \Delta x_{21} & \Delta x_{22} & \cdots & \Delta x_{2m} \\ \vdots & \vdots & & \vdots \\ \Delta x_{n1} & \Delta x_{n2} & \cdots & \Delta x_{nm} \end{bmatrix} \tag{2.4} $$

$$ {}_mX_n^{\mathrm{T}}=\begin{bmatrix} \Delta x_{11} & \Delta x_{21} & \cdots & \Delta x_{n1} \\ \Delta x_{12} & \Delta x_{22} & \cdots & \Delta x_{n2} \\ \vdots & \vdots & & \vdots \\ \Delta x_{1m} & \Delta x_{2m} & \cdots & \Delta x_{nm} \end{bmatrix} \tag{2.5} $$

从而可得水温的协方差矩阵为

$$ {}_mR_m = {}_mX_n^{\mathrm{T}}{}_nX_m = \begin{bmatrix} \rho_{11} & \rho_{12} & \cdots & \rho_{1m} \\ \rho_{21} & \rho_{22} & \cdots & \rho_{2m} \\ \vdots & \vdots & & \vdots \\ \rho_{m1} & \rho_{m2} & \cdots & \rho_{mm} \end{bmatrix} \tag{2.6} $$

式中，$\rho_{ij}=\rho_{ji}=\sum_{k=1}^{n}\Delta x_{ki}\cdot\Delta x_{kj}(i,j=1,2,\cdots,m)$。

从公式(2.6)中可以看出协方差矩阵是一个对称方阵，利用Jacobi方法对协方差矩阵进行多次的正交转换，便可转化为非对角线元素均为零的矩阵：

$$ {}_m\Lambda_m = \begin{bmatrix} \lambda_1 & 0 & \cdots & 0 \\ 0 & \lambda_2 & \cdots & 0 \\ \vdots & \vdots & & \vdots \\ 0 & 0 & \cdots & \lambda_m \end{bmatrix} \tag{2.7} $$

主对角线上的元素便是协方差阵的特征值。

假设进行 s 次转换后，协方差阵逼近了对角矩阵，则经验正交函数为

$$ {}_m\varnothing_m = {}_mT_m^{(1)}\cdot{}_mT_m^{(2)}\cdots{}_mT_m^{(s)} = \begin{bmatrix} \varphi_{11} & \varphi_{12} & \cdots & \varphi_{1m} \\ \varphi_{21} & \varphi_{22} & \cdots & \varphi_{2m} \\ \vdots & \vdots & & \vdots \\ \varphi_{11} & \varphi_{m2} & \cdots & \varphi_{mm} \end{bmatrix} = $$

$$ \begin{bmatrix} \varphi_{11} & \varphi_{12} & \cdots & \varphi_{1m} \\ \varphi_{21} & \varphi_{22} & \cdots & \varphi_{2m} \\ \vdots & \vdots & & \vdots \\ \varphi_{m1} & \varphi_{m2} & \cdots & \varphi_{mm} \end{bmatrix} = (\boldsymbol{\Psi}_1,\boldsymbol{\Psi}_2,\cdots,\boldsymbol{\Psi}_m) \tag{2.8} $$

式中，$\boldsymbol{\Psi}_i(i=1,2,\cdots,m)$为特征向量，它为 φ 主元素的列向量，海洋数据分析中通常特征向量${}_m\varnothing_m$ 对应的是空间样本，所以也称空间本征函数或者空间模态。

(3) 时间本征函数

结合公式(2.2)和公式(2.8)可知，时间本征函数矩${}_nE_m$ 阵是原始观测数据矩阵与空间本征函数矩阵的乘积。

$$
{}_nE_m = {}_nX_{mm}\varnothing_m = \begin{bmatrix} e_{11} & e_{12} & \cdots & e_{1m} \\ e_{21} & e_{22} & \cdots & e_{2m} \\ \vdots & \vdots & & \vdots \\ e_{n1} & e_{n2} & \cdots & e_{nm} \end{bmatrix} = (E_1, E_2, \cdots, E_m) \tag{2.9}
$$

矩阵元素为

$$
e_{kj} = \sum_{i=1}^{m} \Delta x_{ki}\varphi_{ij}(k=1,2,\cdots,n; j=1,2,\cdots,m) \tag{2.10}
$$

原始观测资料采用的是距平值，根据矩阵的特征值和特征向量的性质可得

$$
{}_mR_m\Psi_i = \lambda_i \times \Psi_i = E_i(i=1,2,\cdots,m) \tag{2.11}
$$

从上式中可以看出，经验正交函数分解的每个时间列向量 E_i 和空间本征函数的列向量 Ψ_i 与特征值 λ_i 是一一对应的，每个向量 E_i 或 Ψ_i 在整个变化中所占的比重可以由 λ_i 来表征。

3. EOF 的显著性检验

因 EOF 方法是用有限的 n 个观测资料计算的，资料长度不同，对应的计算结果也可能不同。EOF 显著性检验就是如何根据 n 选取有物理意义的特征向量进行分析。

EOF 的检验方法大致有三种，North 检验、Monte Carlo 检验、合成分析检验，其检验的角度各不相同。

本实验用的是 North 检验，它是最常用的检验方法，其检验目的是考察各个模态之间是否相互独立，也就是能否称为一个有独立特征的模态。它是通过估算特征值误差范围来进行检验，若相邻的特征值满足公式(2.12)，则认为这两个特征值所对应的正交函数是有价值的，即两个特征值可分离，所对应的典型场有意义。

$$
\lambda_j - \lambda_{j+1} \geqslant e_j \tag{2.12}
$$

式中，e_j 是特征值 λ_j 的误差范围，n 为样本量。

$$
e_j = \lambda_j\sqrt{\frac{2}{n}} \tag{2.13}
$$

七、实验方法步骤

1. 数据预处理

——选取对应研究区域及时间的数据集，将 m 个变量的 n 次观测值排列成

资料矩阵。

——对数据中的异常值进行处理，如缺测值(NaN)，或者存在海冰值的情况。

——对原始资料矩阵做距平处理，先计算各格点多年逐月的平均值，然后用原始数据减去这一数值得到各格点逐月的距平。进一步进行滤波，只保留年际以上信号。

2. 计算距平的协方差矩阵 $\boldsymbol{R}$(m 阶实对称矩阵)

略。

3. 求协方差阵的特征值 $\lambda_1,\lambda_2,\cdots,\lambda_m$ 和对应的特征向量 $\Psi_1,\Psi_2,\cdots,\Psi_m$，当用 Matlab 编程时，可以直接使用 eig 函数求解

注：当 $m\gg n$ 时，即变量数远大于样本数时，协方差矩阵 $\boldsymbol{R}=\boldsymbol{X}^{\mathrm{T}}\boldsymbol{X}$($m\times m$ 维矩阵)的阶数较大，求解特征值和特征向量就会增加难度，要进行时空转换，即先求 $\boldsymbol{X}\boldsymbol{X}^{\mathrm{T}}$($n\times n$ 维矩阵)的特征值和特征向量，再求 $\boldsymbol{X}^{\mathrm{T}}\boldsymbol{X}$ 的特征向量，方法示意图见图 2.2。

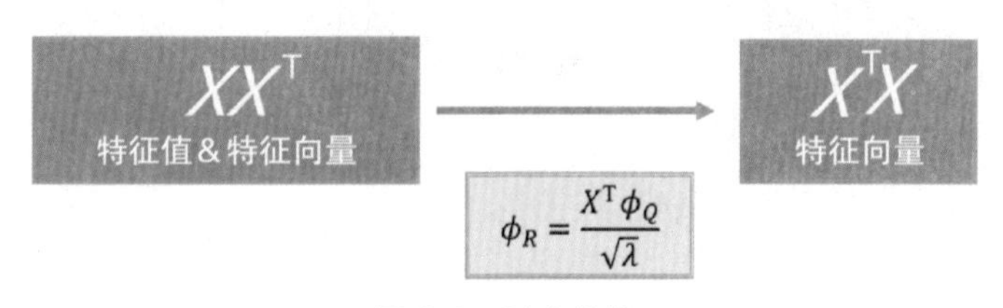

图 2.2　时空转换

$\boldsymbol{X}\boldsymbol{X}^{\mathrm{T}}$($n\times n$)的特征值 λ 所对应的特征向量为 $\boldsymbol{\phi}_Q$，$\boldsymbol{X}^{\mathrm{T}}\boldsymbol{X}$($m\times m$)的特征值所对应的特征向量为 $\boldsymbol{\phi}_R$。

4. 对特征值按降序排列，求空间本征函数和时间系数矩阵

略。

5. 计算每个特征向量的方差贡献 G_i 及前 K 个特征向量的累积方差贡献率

每个特征向量 λ_i 的方差贡献为

$$G_i=\frac{\lambda_i}{\sum_{j=1}^{m}\lambda_i} \tag{2.14}$$

前 K 个特征向量的累积方差贡献率为

$$G(k)=\frac{\sum_{i=1}^{k}\lambda_i}{\sum_{j=1}^{m}\lambda_j}\ (k<m) \tag{2.14}$$

$G(k)$表征的是只保留贡献最大的前 K 个特征向量占总变化的贡献。

6. 检验正交分解的显著性

利用 North 检验法，进行正交分解的显著性检验。

7. 可视化结果分析

绘制北太平洋海域 SST 的 EOF 分析第一模态图和 EOF 分析第二模态图，第一模态时间系数(PDO 指数)序列图(图 2.3)，并将绘制的 PDO 指数序列图与华盛顿大学网站上的资料图(图 2.4)进行对比，以检验计算结果的准确性。

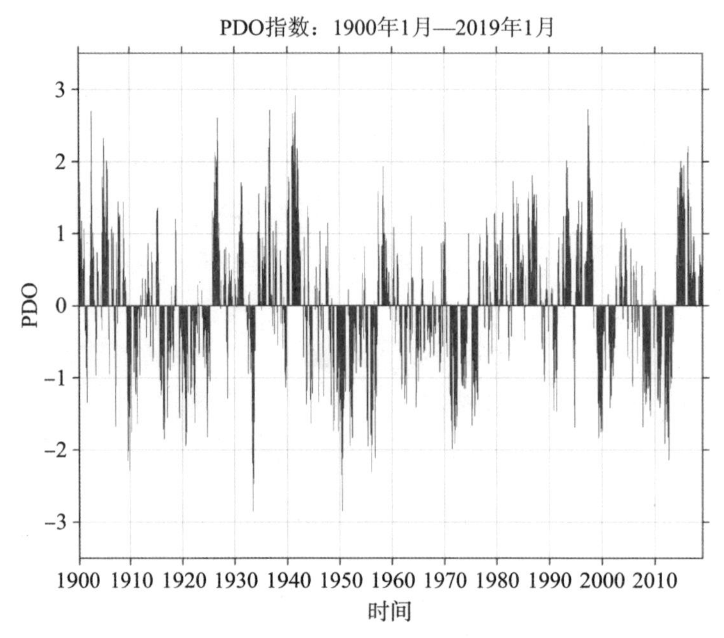

图 2.3　PDO 指数时间序列图

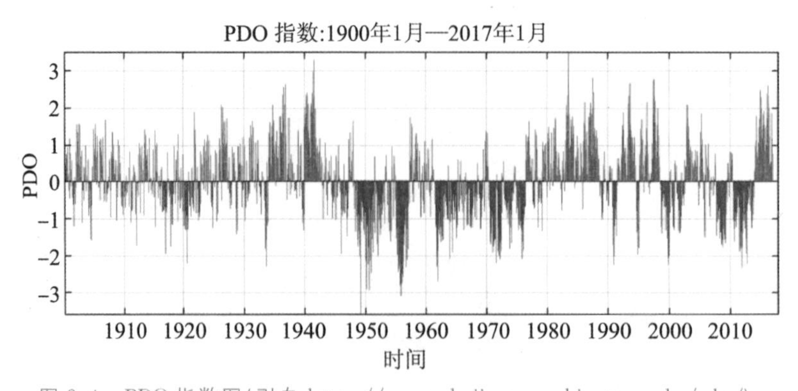

图 2.4　PDO 指数图(引自 http://research.jisao.washington.edu/pdo/)

可视化分析时，可以在 Matlab 软件中加载 M_Map 工具箱和 export_fig 工具箱（详见附录Ⅲ），用以进行 EOF 模态图和 PDO 指数时间序列图的绘制和存储。

八、实验要求

（1）预习实验指导书，明确本次的实验目的、内容及原理方法；

（2）熟悉与实验有关的编程方法及编程命令的语法，如 Matlab 软件中 eig 函数和 sort 函数的应用；

（3）写明 PDO 指数的计算流程，做图展示 PDO 指数，并与课件网站展示的图像进行对比；

（4）提交全部的相关源程序、相关数据文件和实验报告，并将所有文件放入同一压缩文件中，文件命名方式：姓名－学号－实验二. zip，确保压缩文件可解压。

九、实验思考

（1）如果 EOF 分解的对象不是原始数据的距平，而是原始数据本身或者其他统计量，则如何解读分解后的结果？

（2）原始数据的时空分辨率对 EOF 分解的效率与结果有何影响？

十、实验报告

实验完成后需要提交实验报告，报告格式、内容等要求如下。

（1）实验报告格式为 word 或 pdf；

（2）实验报告模板及其撰写要点详见附录Ⅰ，报告内容宜包括但不限于以下几项：① 实验过程流程图；② 实验过程的程序说明；③ 实验结果可视化图片展示；④ 结果分析与讨论。

注：实验报告内不要包含程序代码，程序的注释直接写在源程序里。

十一、实验拓展

下载北大西洋不同海洋（气象）要素数据（参考附录Ⅱ）进行 EOF 分析，探讨分解结果与北大西洋涛动（NAO）指数的关系。

实验三　海洋温盐资料分析

——回归分析

一、实验目的

(1) 掌握该方法在海洋温盐资料分析中的应用原理；

(2) 熟练应用多元线性回归方法对温盐进行预报、预测。

二、实验意义

回归分析是处理变量相关性的一种数理统计方法，在海洋资料的分析中，回归分析是最常用的工具之一，尤其是在海洋水文预报、海洋工程及海洋环境分析中应用广泛。

三、实验平台

(1) 计算机；

(2) Matlab、Fortran 等软件。

四、实验内容

以"实验二海洋温盐资料分析—EOF 分析"计算得到的 PDO 指数为影响因子，太平洋各个网格点上的海表面温度为回归变量，计算得到回归系数，并画图展示该回归系数的空间分布。

五、实验数据

(1) 1900 年以来的全球月海表温度数据集 ERSSTv5 (NOAA Extended Reconstructed Sea Surface Temperature, Version 5)，数据介绍详见附录Ⅱ；

(2) "实验二海洋温盐资料分析—EOF 分析"计算得到的 PDO 指数。

六、实验原理

回归分析法是温盐预报的主要方法。其出发点是利用水温（或盐度）与水文、气象条件的历史资料，建立它们之间的统计经验关系，并假定这一关系可以外推，从而利用影响因子的未来数据，对未来时刻的水温（或盐度）做出预报或预测。其流程图见图 3.1。

图 3.1　回归分析方法流程图

回归分析步骤主要分以下几步。

(1) 回归方程的建立

设某观测点的水温的时间序列为 $Z_k(k=1,2,\cdots,n)$，有 m 个预报影响因子 $X_{ik}^*(i=1,2,\cdots,m;k=1,2,\cdots,n)$，注意要满足统计学原理，要求 $n\gg m$，则多元线性回归方程为

$$\hat{Z}_k=a_0+\sum_{i=1}^{m}a_iX_{ik}^*=a_0+a_1X_{1k}^*+a_2X_{2k}^*+\cdots+a_mX_{mk}^* \tag{3.1}$$

式中，$\hat{Z}_k$ 是预报量。

因预报量和预报因子的单位、量纲、变化幅度可能差别很大，回归方程建立时要进行标准化处理。标准化处理公式如下：

$$Y_k=\frac{X_k-\overline{X}}{\sqrt{D_{xx}}}=\frac{X_k-\overline{X}}{\sqrt{\sum\limits_{k=1}^{n}(X_k-\overline{X})^2}} \tag{3.2}$$

式中，$\overline{X}=\frac{1}{n}\sum\limits_{k=1}^{n}X_k$ 为平均值；$D_{xx}=\sum\limits_{k=1}^{n}(X_k-\overline{X})^2$ 为离差平方和。则标准化变量后回归方程为

$$\hat{Z}_k=\sum_{i=1}^{m}b_iX_{ik}=b_1X_{1k}+b_2X_{2k}+\cdots+b_mX_{mk} \tag{3.3}$$

要求得预报值 $\hat{Z}_k$，首先要求出公式(3.3)中的系数 $b_i(k=1,2,\cdots,m)$。

残差平方和为

$$Q=\sum_{k=1}^{n}(Z_k-\hat{Z}_k)^2 \tag{3.4}$$

由最小二乘准则可知，欲求式中各系数的值，应使残差平方和 Q 达到最小，即

$$\frac{\partial Q}{\partial b_i}=0(i=1,2,\cdots,m) \tag{3.5}$$

通过方程推导会得到一组法方程：

$$\begin{cases} r_{11}b_1+r_{12}b_2+\cdots+r_{1m}b_m=r_{1z} \\ r_{21}b_1+r_{22}b_2+\cdots+r_{2m}b_m=r_{2z} \\ \cdots \\ r_{m1}b_1+r_{m2}b_2+\cdots+r_{mm}b_m=r_{mz} \end{cases} \tag{3.6}$$

式中的相关系数 $r_{ij}(i,j=1,2,\cdots,m)$ 及 r_{iz} 可由预报量和预报因子的观测资料计算获得，问题将转变为法方程的准确求解。

(2) 回归系数的求解

利用高斯迭代法求解(略)。

(3) 回归效果的检验

1) 回归预报方程显著性检验

无法用直观的方法判断预报量与 m 个预报因子($X_{1k},X_{2k},\cdots,X_{mk}$)之间是否有线性关系，为此必须对回归预报方程进行显著性检验。

总离差平方和 D：原始观测资料偏离其平均状态的总体情况。

$$D=\sum_{k=1}^{n}(Z_k-\overline{Z})^2=\sum_{k=1}^{n}[(Z_k-\hat{Z}_k)+(\hat{Z}_k-\overline{Z})]^2 \tag{3.7}$$

残差平方和 Q：原始观测资料与回归预报值之间的差异程度。

$$Q=\sum_{k=1}^{n}(Z_k-\hat{Z}_k)^2 \tag{3.8}$$

回归平方和 V：回归预报值偏离原始观测资料的平均状态的情况。

$$V=\sum_{k=1}^{n}(\hat{Z}_k-\overline{Z})^2 \tag{3.9}$$

因 $\sum_{k=1}^{n}(Z_k-\hat{Z}_k)(\hat{Z}_k-\overline{Z})=0$(施能，2009)，所以

$$D=Q+V \tag{3.10}$$

残差平方和 Q 越小，回归效果越好，因总离差平方和 D 为定值，因此 V 越大，Q 越小，回归效果越好，即 V/Q 越大回归效果越好。

判断 m 个预报因子与预报量之间的线性关系是否显著的参量 F：

$$F=\frac{V^{(m)}/m}{Q^{(m)}/(n-m-1)} \tag{3.11}$$

两个自由度：

$$f_1 = m$$

$$f_2 = n - m - 1$$

给定的置信水平 α 和自由度，查 F 分布表，得 F 的理论临界值。算出 F 值大于理论值，则 m 个预报因子对预报量的回归在 α 的置信水平上显著。

2）回归预报因子显著性检验

实际上，回归预报方程显著，并不意味着预报因子 $X_{1k}, X_{2k}, \cdots, X_{mk}$ 对预报量的影响都是显著的。若某一个回归系数 b_j 等于零，这就意味着 X_{jk} 的变化对预报量无线性影响，则称预报因子 X_{jk} 不显著。为了保证回归预报的质量，必须对回归方程中的每一个回归系数 b_j 做显著性检验，剔除那些不显著的预报因子，重新建立更简单、更精确的线性回归方程。

检验变量是否显著，等价于检验假设

$$H_0 : b_j = 0$$

若剔除 X_j，可求出关于 $X_{1k}, X_{2k}, \cdots, X_{j-1,k}, X_{j+1,k}, \cdots, X_{mk}$ 的 $m-1$ 元线性回归方程：

$$\hat{Z}_k = \sum_{i=1}^{m} b'_i X_{ik} = b'_1 X_{1k} + \cdots + b'_{j-1} X_{j-1,k} + b'_{j+1} X_{j+1,k} + \cdots + b'_m X_{mk} \tag{3.12}$$

总离差平方和为

$$D_{(j)} = Q_{(j)} + V_{(j)}$$

变量减少，残差平方和增加，即 $Q_{(j)} > Q$，则变量 X_{jk} 的偏回归平方和为

$$Q'_j = Q_{(j)} - Q$$

$$F_j = \frac{Q'_j}{Q/(n-m-1)} \sim F(1, n-m-1) \tag{3.13}$$

对于给定的显著水平 α，当 $F_j > F_\alpha(1, n-m-1)$ 时，拒绝 H_0，认为变量 X_{jk} 对预报量有显著影响。

在对预报因子进行显著性检验时，不能同时剔除多个不显著的预报因子，而每次剔除 F 值最小的那个不显著的预报因子，重新建立回归方程，再对预报因子逐一检验。

3）检验回报效果的重要参量

m 个预报因子和预报量的总相关系数

$$R^{(m)}=\sqrt{\frac{V^{(m)}}{D}}=\sqrt{1-\frac{Q^{(m)}}{D}} \tag{3.14}$$

剩余标准差

$$S_Z=\sqrt{\frac{Q^{(m)}}{n-m-1}} \tag{3.15}$$

(4) 计算结果的复原

分析过程中的标准化数据已不是原来的物理量本身,因此对标准化变量建立起的分析预报方程,在进行预报时需要还原成原始的真实值关系,这样可以直接由相关因子的观测值预报出预报量的未来值。

七、实验方法步骤

1. 建立回归方程(isnan 函数)

回归变量是 SST,影响因子是 PDO 指数,此时为一元回归分析。回归方程为

$$\hat{y}_k=b_0+b_1x_k^*\ (k=1,2,\cdots,n) \tag{3.16}$$

式中,$\hat{y}_k$ 表示的是 SST,x_k^* 表示的是 PDO 指数,b_0 和 b_1 对应的是回归系数。

2. 求解回归系数(regress 函数)

利用最小二乘法,欲求上式中各系数的值,应使残差平方和 Q 最小,即

$$\frac{\partial Q}{\partial b_i}=0(i=0,1) \tag{3.17}$$

式中,$Q=\sum_{k=1}^{n}(y_k-\hat{y}_k)^2$。

注:在 Matlab 中,regress 函数可以实现上述过程,其原理一致,均为最小二乘法,调用该函数后返回两个值,分别为 b_0,b_1。

3. 检验回归效果

略。

4. 复原计算结果

略。

5. 绘制回归系数空间分布图

略。

八、实验要求

(1) 预习实验指导书,明确实验目的、内容及原理方法;

(2) 预习实验有关的编程方法,熟悉所要用到的编程函数,如 isnan 函数和

regress 函数；

(3) 计算回归分析时，影响因子和回归变量均不采用标准化变量，给出其系数计算的推导过程、计算流程及回归系数分布图；

(4) 提交全部的相关源程序、相关数据文件和实验报告，并将所有文件放入同一压缩文件中，文件命名方式：姓名－学号－实验三.zip，确保压缩文件可解压。

九、实验报告

实验完成后需要提交实验报告，报告格式、内容等要求如下。

(1) 实验报告格式为 word 或 pdf；

(2) 实验报告模板及其撰写要点详见附录Ⅰ，报告内容宜包括但不限于以下几项：① 实验过程流程图；② 实验过程的程序说明；③ 实验结果可视化图片展示；④ 结果分析与讨论。

注：实验报告内不要包含程序代码，程序的注释直接写在源程序里。

实验四 长期水位资料的调和分析

一、实验目的

(1) 掌握调和分析方法,能够熟练运用最小二乘法对实测长期水位资料进行调和分析,计算分潮调和常数;

(2) 利用计算的分潮调和常数对给定验潮站进行潮汐汇报或预报。

二、实验意义

潮汐调和分析是潮汐分析的一种重要方法,通过潮汐调和分析可以获得某地点各分潮的实际平均振幅以及各分潮实际相角与平衡潮理论相角的差值(称为调和常数),从而掌握特定海区的潮汐特征,并能进行潮汐预报。通过潮汐调和分析的过程训练,不仅可以掌握潮汐调和分析方法,还能加深对潮汐调和分析原理的理解。

三、实验平台

(1) 计算机;

(2) Matlab、Fortran 等软件。

四、实验内容

对一年期的某验潮站实测水位资料进行调和分析,着重给出 8 大分潮的调和常数。

五、实验数据

(1) 一年长的验潮站水位数据;

(2) 分析年观测资料选取的主要分潮(见附录Ⅳ)。

六、实验原理方法

1. 潮汐调和分析原理

潮汐调和分析旨在根据实测水位观测资料分析计算出各个分潮的调和常数(陈宗镛,1980;方国洪等,1986;黄祖珂等,2005;石景元等,2019)。

(1) 分潮的调和常数

由 Darwin 引潮势展开可得到任一分潮的表达式

$$\zeta = fH\cos[\sigma t_{区} + (V_0 + u)_{格} - g] \tag{4.1}$$

式中,ζ 为分潮的潮高;f,u 分别表示由于月球轨道 18.61 年的周期变化引进的对平均振幅 H 和相角的订正值,即交点因子和交点订正角;$t_{区}$ 表示 t 为区时;$(V_0+u)_{格}$ 为 Greenwich 理论初相角;H 为分潮的平均振幅(不随时间变化);g 为区时专用迟角;H 和 g 称为实际分潮的调和常数。

分潮的调和常数反映了海洋对这一频率天体引潮力的响应,这种响应取决于海洋本身的几何形状及其动力学性质。由于海洋环境的变化十分缓慢,就一般海区而言,调和常数具有极大的稳定性,在不特别长的时间内,可充分近似地认为是常数。

(2) 调和常数的计算

实际海洋中的水位是由许多不同周期的振动叠加起来的:

$$\begin{aligned}\zeta(t) &= a_0 + \sum_{j=1}^{m} R_j\cos(\sigma_j t - \theta_{0j}) + \gamma(t) \\ &= a_0 + \sum_{j=1}^{m} (a_j\cos\sigma_j t + b_j\sin\sigma_j t) + \gamma(t)\end{aligned} \tag{4.2}$$

式中,$a_j = R_j\cos\theta_j$,$b_j = R_j\sin\theta_j$,$\gamma(t)$ 为非天文因素引起的水位,它泛指水文气象状况的变化引起的水位变化,有时又叫增减水。

参照分潮表达式(4.1),实测水位也可表示为

$$\zeta(t) = a_0 + \sum_{j=1}^{m} f_j H_j\cos[\sigma_j t + (V_0 + u)_{j格} - g_j] + \gamma(t) \tag{4.3}$$

对比公式(4.2)和公式(4.3),不考虑非天文潮因素引起的 $\gamma(t)$,并略去分潮的标记符“j”,可得

$$\begin{cases} H = \dfrac{R}{f} \\ g = V_0 + u + \theta_0 \end{cases} \tag{4.4}$$

式中，

$$\begin{cases} R=\sqrt{a^2+b^2} \\ \theta_0=\arctan\dfrac{b}{a} \end{cases} \tag{4.5}$$

从式(4.5)中可以看出，求出参数 a,b，便可求得 R,θ_0，再依天文要素求出各分潮起始时刻的 f,u,V_0，便可由式(4.4)计算出各个分潮的调和常数 H 和 g。潮汐调和分析流程图见图 4.1。

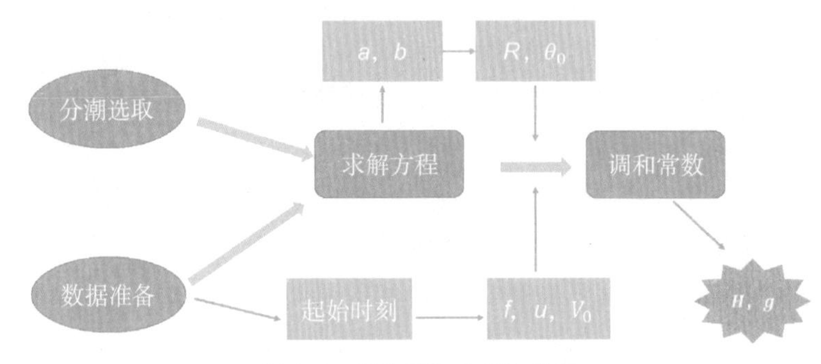

图 4.1 潮汐调和分析流程图

2. 潮汐调和分析的最小二乘法

(1) 最小二乘法算法原理

最小二乘法是一种数学优化算法，它通过最小化误差的平方和寻找数据的最佳函数匹配。利用最小二乘法可以通过样本求得未知的数据，并使得这些求得的数据与实际数据之间误差的平方和为最小。在算法实现过程中，尽量使实际值与拟合函数之间的差距的平方和最小，以达到最佳拟合效果的目的。

随着计算机的普及以及在物理海洋中的广泛应用，最小二乘法已经成了物理海洋数据分析的主要手段之一，尤其是在潮汐的调和分析中。最小二乘法的算法原理如下：

设方程：

$$y_n=a_{n1}x_1+a_{n2}x_2+\cdots+a_{nM}x_M,(n=1,2,\cdots,N)$$

则其对应包含有 M 个变量的 N 个方程组成的线性方程组为

$$\begin{cases} a_{11}x_1+a_{12}x_2+\cdots+a_{1M}x_M=y_1 \\ a_{21}x_1+a_{22}x_2+\cdots+a_{2M}x_M=y_2 \\ \cdots \\ a_{N1}x_1+a_{N2}x_2+\cdots+a_{NM}x_M=y_N \end{cases} \tag{4.6}$$

式中，$N \geqslant M$。此时，一般不存在一组解使得方程组(4.6)中各方程都成立，即差值

$$\delta_n = a_{n1}x_1 + a_{n2}x_2 + \cdots + a_{nM}x_M - y_n \tag{4.7}$$

不可能全为零。但可以选取一组解使得差值 δ_n 尽可能小，即满足下列式子的成立：

$$\begin{cases} a_{11}x_1 + a_{12}x_2 + \cdots + a_{1M}x_M \approx y_1 \\ a_{21}x_1 + a_{22}x_2 + \cdots + a_{2M}x_M \approx y_2 \\ \cdots \\ a_{N1}x_1 + a_{N2}x_2 + \cdots + a_{NM}x_M \approx y_N \end{cases} \tag{4.8}$$

因为 δ_n 有正有负，反映不了差值的大小，因此最小二乘法选取差值的平方和 Δ 达到最小值的那组解为最后结果，Δ 的计算公式为

$$\begin{aligned} \Delta &= \sum_{n=1}^{N} \delta_n^2 = \delta_1^2 + \delta_2^2 + \cdots + \delta_N^2 \\ &= \sum_{n=1}^{N} (a_{n1}x_1 + a_{n2}x_2 + \cdots + a_{nM}x_M - y_n)^2 \end{aligned} \tag{4.9}$$

选取使 Δ 尽可能小的一组解$(x_1, x_2, \cdots, x_M)$为计算结果，即满足方程

$$\frac{\partial \Delta}{\partial x_1} = \frac{\partial \Delta}{\partial x_2} = \cdots = \frac{\partial \Delta}{\partial x_M} = 0 \tag{4.10}$$

的解。

结合公式(4.9)和公式(4.10)可得方程组：

$$\begin{cases} \sum_{n=1}^{N} a_{n1}(a_{n1}x_1 + a_{n2}x_2 + \cdots + a_{nM}x_M - y_n) = 0 \\ \sum_{n=1}^{N} a_{n2}(a_{n1}x_1 + a_{n2}x_2 + \cdots + a_{nM}x_M - y_n) = 0 \\ \cdots \\ \sum_{n=1}^{N} a_{nM}(a_{n1}x_1 + a_{n2}x_2 + \cdots a_{nM}x_M - y_n) = 0 \end{cases} \tag{4.11}$$

设

$$\begin{cases} c_{ij} = \sum_{n=1}^{N} a_{ni}a_{nj} \\ f_i = \sum_{n=1}^{N} a_{ni}y_n \end{cases} \quad (i, j = 1, 2, \cdots, M)$$

则方程组(4.11)可以改写为

$$\begin{cases} c_{11}x_1+c_{12}x_2+\cdots+c_{1M}x_M=f_1 \\ c_{21}x_1+c_{22}x_2+\cdots+c_{2M}x_M=f_2 \\ \cdots \\ c_{M1}x_1+c_{M2}x_2+\cdots+c_{MM}x_M=f_M \end{cases} \tag{4.12}$$

方程组(4.12)是一个法方程(正规方程),方程中的系数矩阵为对称矩阵,可以用普通的线性方程组求解方法进行计算。

(2) 潮汐调和分析的最小二乘法

实际潮位可看作许多调和分潮叠加的结果,不过实际分析中只能选取其中有限个较主要的分潮。假设选取 J 个分潮,则潮位表达式可写为

$$\hat{\zeta}(t)=\hat{S}_0+\sum_{j=1}^{J}\hat{R}_j\cos(\sigma_j t-\hat{\theta}_j) \tag{4.13}$$

式中,$\hat{S}_0$ 表示该地点的平均水位。

但潮位观测值 $\zeta(t)$ 并不正好等于实际潮位 $\hat{\zeta}(t)$,总包含噪声 $\varepsilon(t)$,因此潮位观测值可以写作潮位与噪声之和:

$$\begin{aligned} \zeta(t)&=\hat{\zeta}(t)+\varepsilon(t)=\hat{S}_0+\sum_{j=1}^{J}\hat{R}_j\cos(\sigma_j t-\hat{\theta}_j)+\varepsilon(t) \\ &=\hat{S}_0+\sum_{j=1}^{J}(\hat{a}_j\cos\sigma_j t+\hat{b}_j\sin\sigma_j t)+\varepsilon(t) \end{aligned} \tag{4.14}$$

式中,

$$\hat{a}_j=\hat{R}_j\cos\hat{\theta}_j,\hat{b}_j=\hat{R}_j\sin\hat{\theta}_j \tag{4.15}$$

因为无法事先知道噪声,因此忽略噪声,对 $t=t_1,t_2,\cdots,t_N$ N 个时刻的水位观测值 $\zeta(t_1),\zeta(t_2),\cdots,\zeta(t_N)$,可建立 N 个时刻的方程组:

$$\begin{cases} S_0+(\cos\sigma_1 t_1)a_1+(\cos\sigma_2 t_1)a_2+\cdots+(\cos\sigma_J t_1)a_J+ \\ (\sin\sigma_1 t_1)b_1+(\sin\sigma_2 t_1)b_2+\cdots+(\sin\sigma_J t_1)b_J=\zeta(t_1) \\ S_0+(\cos\sigma_1 t_2)a_1+(\cos\sigma_2 t_2)a_2+\cdots+(\cos\sigma_J t_2)a_J+ \\ (\sin\sigma_1 t_2)b_1+(\sin\sigma_2 t_2)b_2+\cdots+(\sin\sigma_J t_2)b_J=\zeta(t_2) \\ \cdots \\ S_0+(\cos\sigma_1 t_N)a_1+(\cos\sigma_2 t_N)a_2+\cdots+(\cos\sigma_J t_N)a_J+ \\ (\sin\sigma_1 t_N)b_1+(\sin\sigma_2 t_N)b_2+\cdots+(\sin\sigma_J t_N)b_J=\zeta(t_N) \end{cases} \tag{4.16}$$

式中,观测时间 $t_n(n=1,2,\cdots,N)$ 和角速率 $\sigma_j(j=1,2,\cdots,J)$ 是已知量,$\zeta(t_n)(n=1,2,\cdots,N)$ 是观测水位值,方程组对应的未知数是 $S_0,a_1,a_2,\cdots,a_J,b_1,b_2,\cdots,$

b_J，因此该方程组是含有 $2J+1$ 个未知量的线性方程组。潮汐调和分析的任务就是从上述方程中求得这些未知量的值，进而求得各分潮对应的调和常数。

由于观测值并不正好等于实际潮位，这就要求观测资料要尽量多一些，以使得分析计算得到的未知量尽可能接近真实值，因此潮汐分析中要求 $N \gg 2J+1$。这样使得公式(4.16)是矛盾方程组，可以采用最小二乘法原理进行处理。处理过程中，首先应将矛盾方程组化为正规方程组——法方程。

(3) 等时间间隔连续水位资料的法方程建立

实际潮位观测数据一般都是等间隔的，而当观测时间间隔相等时，系数计算相对会大为简化。如果时间原点选在观测中间时刻，则计算会更为简单。具体方法，在计算时可以将时间原点选在观测中间时刻，资料个数 N 选奇数个，令 $N' = \frac{1}{2}(N-1)$，观测时间间隔设为 Δt，则观测时刻分别为

$$-N'\Delta t, (-N'+1)\Delta t, \cdots, -\Delta t, 0, \Delta t, \cdots, (N'-1)\Delta t, N'\Delta t$$

对应实测水位为

$$\zeta_{-N'}, \zeta_{-N'+1}, \cdots \zeta_{-1}, \zeta_0, \zeta_1, \cdots, \zeta_{N'-1}, \zeta_{N'}$$

由最小二乘法原理建立法方程，因选取中间时刻为时间原点，所以法方程可分为两个独立的方程组

$$\begin{cases} A_{00}S_0 + A_{01}a_1 + A_{02}a_2 + \cdots + A_{0J}a_J = F'_0 \\ A_{10}S_0 + A_{11}a_1 + A_{12}a_2 + \cdots + A_{1J}a_J = F'_1 \\ \cdots \\ A_{J0}S_0 + A_{J1}a_1 + A_{J2}a_2 + \cdots + A_{JJ}a_J = F'_J \end{cases} \tag{4.17}$$

$$\begin{cases} B_{11}b_1 + B_{12}b_2 + \cdots + B_{1J}b_J = F''_1 \\ B_{21}b_1 + B_{22}b_2 + \cdots + B_{2J}b_J = F''_2 \\ \cdots \\ B_{J1}b_1 + B_{J2}b_2 + \cdots + B_{JJ}b_J = F''_J \end{cases} \tag{4.18}$$

方程组中的系数为

$$\begin{cases} A_{00} = \sum_{n=-N'}^{N'} 1 \cdot 1 = 2N'+1 = N \\ A_{0j} = A_{j0} = \sum_{n=-N'}^{N'} 1 \cdot \cos n\sigma_j \Delta t = \dfrac{\sin \frac{N}{2}\sigma_j \Delta t}{\sin \frac{1}{2}\sigma_j \Delta t}, (j=1,2,\cdots,J) \\ A_{jj} = \sum_{n=-N'}^{N'} \cos n\sigma_j \Delta t \cdot \cos n\sigma_j \Delta t = \dfrac{1}{2}\left[N + \dfrac{\sin N\sigma_j \Delta t}{\sin \sigma_j \Delta t}\right], (j=1,2,\cdots,J) \\ A_{ij} = A_{ji} = \sum_{n=-N'}^{N'} \cos n\sigma_i \Delta t \cdot \cos n\sigma_j \Delta t = \dfrac{1}{2}\left[\dfrac{\sin \frac{N}{2}(\sigma_i - \sigma_j)\Delta t}{\sin \frac{1}{2}(\sigma_i - \sigma_j)\Delta t} + \dfrac{\sin \frac{N}{2}(\sigma_i + \sigma_j)\Delta t}{\sin \frac{1}{2}(\sigma_i + \sigma_j)\Delta t}\right], \\ \qquad (i,j=1,2,\cdots,J, i>j) \end{cases} \tag{4.19}$$

$$\begin{cases} B_{jj} = \sum_{n=-N'}^{N'} \sin n\sigma_j \Delta t \cdot \sin n\sigma_j \Delta t = \dfrac{1}{2}\left[N - \dfrac{\sin N\sigma_j \Delta t}{\sin \sigma_j \Delta t}\right], (j=1,2,\cdots,J) \\ B_{ij} = B_{ji} = \sum_{n=-N'}^{N'} \sin n\sigma_i \Delta t \cdot \sin n\sigma_i \Delta t = \dfrac{1}{2}\left[\dfrac{\sin \frac{N}{2}(\sigma_i - \sigma_j)\Delta t}{\sin \frac{1}{2}(\sigma_i - \sigma_j)\Delta t} - \dfrac{\sin \frac{N}{2}(\sigma_i + \sigma_j)\Delta t}{\sin \frac{1}{2}(\sigma_i + \sigma_j)\Delta t}\right], \\ \qquad (i,j=1,2,\cdots,J, i>j) \end{cases} \tag{4.20}$$

$$\begin{cases} F'_0 = \sum_{n=-N'}^{N'} \zeta(t_n) \\ F'_i = \sum_{n=-N'}^{N'} \zeta(t_n) \cos n\sigma_i \Delta t, (i=1,2,\cdots,J) \\ F''_i = \sum_{n=-N'}^{N'} \zeta(t_n) \sin n\sigma_i \Delta t, (i=1,2,\cdots,J) \end{cases} \tag{4.21}$$

第一个方程组(4.17)中有 $J+1$ 个方程，可以求出 $S_0, a_1, a_2, \cdots, a_J$，第二个方程组(4.18)中有 J 个方程，可以求出 $b_1, b_2, \cdots, b_J$。结合公式(4.15)便可求出 R_j, θ_j。

七、实验步骤

1. 选取分潮

根据观测时间间隔及观测资料长度选取与某相适应的用于计算调和常数的分潮。对于年观测资料一般采用附录Ⅳ表格中的所有分潮，也可根据需要予以增减。

2. 准备数据

(1) 参与分析的记录个数 N,时间间隔 Δt(单位:小时)。N 取奇数(可适当删减几个数据,保证 N 为奇数)。对于年观测资料,一年的最佳长度为 369 天,至少不得短于 10 个月。

(2) 将时间原点选在观测时间的中间时刻,依时间前后排列出 N 个水位观测值 $\zeta_{-N'},\zeta_{-N'+1},\cdots,\zeta_0,\cdots,\zeta_{N'-1},\zeta_{N'}$,$(N=2N'+1)$。

(3) 时间原点即观测中间时刻对应的年份 Y,月份 M,日期 D 和时间 t。

(4) 建立所选取的主要分潮对应的 Doodson 数($n1,n2,n3,n4,n5,n6$)数据文件。

3. 计算各分潮的角速率 σ 和初位相角 V_0

分潮的幅角计算公式为

$$V=(n_1\sigma_\tau+n_2\sigma_s+n_3\sigma_h+n_4\sigma_p-n_5\sigma_N+n_6\sigma_{p'})+(n_1T_0+n_2s_0+n_3h_0+n_4p_0-n_5N_0+n_6p'_0)=\sigma t+V_0 \tag{4.22}$$

式中,σ 为分潮的角速率,V_0 为分潮的初位相角。

(1) 计算分潮角速率 σ 所需各变量的角速率:

$$\sigma_T=\frac{360^\circ}{24}=15^\circ/\text{平太阳时}$$

$$\sigma_\tau=\frac{360^\circ}{24.841\ 2}=14.492\ 052\ 12^\circ/\text{平太阳时}$$

$$\sigma_s=\frac{360^\circ}{27.321\ 58\times 24}=0.549\ 016\ 53^\circ/\text{平太阳时}$$

$$\sigma_h=\frac{360^\circ}{365.242\ 2\times 24}=0.041\ 068\ 64^\circ/\text{平太阳时}$$

$$\sigma_p=\frac{360^\circ}{8.847\ 32\times 365.25\times 24}=0.004\ 641\ 83^\circ/\text{平太阳时}$$

$$\sigma_N=\frac{360^\circ}{18.612\ 9\times 365.25\times 24}=0.002\ 206\ 41^\circ/\text{平太阳时}$$

$$\sigma_{p'}=\frac{360^\circ}{20\ 940\times 365.25\times 24}=0.000\ 001\ 96^\circ/\text{平太阳时}$$

(2) 计算分潮初位相角 V_0 所需各变化参量的计算公式。

当初始时刻是 Greenwich 时间某年某月某日 0 时,则 $T_0=180^\circ$,s_0,h_0,p_0,N_0,p'_0 是该时刻的平太阴、平太阳、近地点、升交点和近日点的平均黄经,其计算公式如下：

$$
\begin{cases}
T_0 = 180°, (\tau_0 = T_0 - S_0 + h_0) \\
s_0 = 277.025° + 129.384\ 81°(y - 1900) + 13.176\ 40°(D + Y) \\
h_0 = 280.190° - 0.238\ 72°(y - 1900) + 0.985\ 65°(D + Y) \\
p_0 = 334.385° + 40.662\ 49°(y - 1900) + 0.111\ 40°(D + Y) \\
N_0 = 259.157° - 19.328\ 18°(y - 1900) - 0.052\ 95°(D + Y) \\
p'_0 = 281.221° + 0.017\ 18°(y - 1900) + 0.000\ 047°(D + Y)
\end{cases}
\tag{4.23}
$$

式中 y 为阳历年份，D 为从 y 年 1 月 1 日起经过的日数，Y 是 1900 年至 y 年（y 年除外）间的闰年数，即 $Y = \frac{1}{4}(y - 1\ 901)$ 的整数部分，若 y 是闰年，则把该年的闰月算在 D 内。若初始时刻是 Greenwich 时间该日 t 时，公式(4.23)中的天文变量的值需加上各变量经过 t 小时转过的角度。

(3) 结合 Doodson 数计算分潮的角速率 σ 和初位相角 V_0：

$$\sigma = n_1\sigma_\tau + n_2\sigma_s + n_3\sigma_h + n_4\sigma_p - n_5\sigma_N + n_6\sigma_{p'} \tag{4.24}$$

$$V_0 = n_1\tau_0 + n_2 s_0 + n_3 h_0 + n_4 p_0 - n_5 N_0 + n_6 p'_0 \tag{4.25}$$

4. 计算分潮交点因子 f 和交点订正角 u

根据 11 个基本分潮的交点因子 f、交点订正角 u（见表 4.1），计算初始时刻，即观测中间时刻其他各分潮的 f，u。

表 4.1　11 个主要分潮的 f 和 u

	f	u
M_m	$1.000\ 0 - 0.130\ 0\cos N + 0.001\ 3\cos 2N$	0
M_f	$1.042\ 9 + 0.413\ 5\cos N - 0.004\cos 2N$	$-23.74°\sin N + 2.68°\sin 2N - 0.38°\sin 3N$
O_1	$1.008\ 9 + 0.187\ 1\cos N - 0.014\ 7\cos 2N + 0.001\ 4\cos 3N$	$10.80°\sin N - 1.34°\sin 2N + 0.19°\sin 3N$
K_1	$1.006\ 0 + 0.115\ 0\cos N - 0.008\ 8\cos 2N + 0.000\ 6\cos 3N$	$-8.86°\sin N + 0.68°\sin 2N - 0.07°\sin 3N$
J_1	$1.012\ 9 + 0.167\ 6\cos N - 0.017\ 0\cos 2N + 0.001\ 6\cos 3N$	$-12.94°\sin N + 1.34°\sin 2N - 0.19°\sin 3N$
OO_1	$1.102\ 7 + 0.650\ 4\cos N - 0.031\ 7\cos 2N - 0.0014\cos 3N$	$-36.68°\sin N + 4.02°\sin 2N - 0.57°\sin 3N$

续表

	f	u
M_2	$1.0004-0.0373\cos N+0.0003\cos 2N$	$-2.14^\circ\sin N$
k_2	$1.0241+0.2863\cos N+0.0083\cos 2N-0.0015\cos 2N$	$-17.74^\circ\sin N+0.68^\circ\sin 2N-0.04^\circ\sin 3N$
M_3	$1+1.5(f-1)_{M2}=-0.5+1.5f_{M2}$	$1.5u_{M2}$
M_1	$f\cos u=2\cos p+0.4\cos(p-N)$ $f\sin u=\sin p+0.2\sin(p-N)$	
L_2	$f\cos u=1.0000-0.2505\cos 2p-0.1103\cos(2p-N)-0.0156\cos(2p-2N)-0.0366\cos N+0.0047\cos(2p+N)$ $f\sin u=-0.2505\sin 2p-0.1103\sin(2p-N)-0.0156\sin(2p-2N)-0.0366\sin N+0.0047\sin(2p+N)$	
注:N 和 p 对应的初始时刻 $t=0$ 时的量值,即 N_0 和 p_0,可以由公式(4.23)计算求得		

5. 求解由最小二乘法得到的法方程

(1) 按照公式(4.19)、(4.20)和(4.21)计算等时间间隔连续水位资料法方程的系数行列式,求解各分潮的参数 a,b;

(2) 计算观测中间时刻($t=0$)各分潮的振幅 R 和位相 θ。

$$\begin{cases} R_j=\sqrt{a_j^2+b_j^2} \\ \theta_j=\arctan\dfrac{b_j}{a_j} \end{cases},(j=1,2,\cdots,J) \tag{4.26}$$

6. 计算调和常数(分潮平均振幅 H 和区时专用迟角 g)

$$H_j=\frac{R_j}{f_j}=\frac{\sqrt{a_j^2+b_j^2}}{f_j},(j=1,2,\cdots,j) \tag{4.27}$$

$$g_j=\theta_j+V_{0j}+u_j+n_0\cdot 90^\circ,(j=1,2,\cdots,j) \tag{4.28}$$

八、实验要求

(1) 预习实验指导书,明确实验目的、内容及原理方法;

(2) 熟悉与实验有关的编程方法及主要编程命令的用法;

(3) 提交全部的相关源程序、相关数据文件和实验报告,并将所有文件放入同一压缩文件中,文件命名方式:姓名—学号—实验四.zip,确保压缩文件可解压。

九、实验思考

长期、中期和短期潮汐观测资料的调和分析中，由于数据长度所限无法分辨的分潮对潮位的影响分别是如何体现的？

十、实验报告

实验完成后需要提交实验报告，报告格式、内容等要求如下。

（1）实验报告格式为 word 或 pdf；

（2）实验报告模板及其撰写要点详见附录Ⅰ，报告内容宜包括但不限于以下几项：① 实验过程流程图；② 实验过程的程序说明；③ 实验结果可视化图片展示；④ 结果分析与讨论。

注：实验报告内不要包含程序代码，程序的注释直接写在源程序里。

十一、实验拓展

（1）将调和分析结果与 Matlab 中的 t_tide 工具箱（参见附录Ⅲ）计算结果进行对比，并分析结果异同的原因。

（2）基于中期潮位观测资料，利用差比关系，采用迭代法进行调和分析。

实验五　地转流计算

一、实验目的

加深对由水文资料计算地转流原理的理解，并掌握由 CTD 资料计算地转流的方法。

二、实验意义

地转流是海洋中一种最基本的流动形式，Ekman 层之下的海流基本由地转流主导。通过对地转流计算方法的实验研究，可以更好地理解地转流产生的动力机制，加深学生对地转流水文特征的认识。

三、实验平台

（1）计算机；

（2）Matlab、Fortran 等软件。

四、实验内容

利用两个月的 CDT 月平均资料分别计算北太平洋 6°N～35°N 范围内的地转流，选取 1 500 db 作为参考零面，计算 10 db、100 db、250 db、500 db 等四个深度层上的地转流速度，并画出其对应层的流场分布图。

五、实验数据

Argo（Array for Real-time Geostrophic Oceanography）客观分析资料（数据说明详见附录Ⅱ），本实验选取的是 2018 年 1 月和 7 月的温盐数据：TS_201801_GLB. nc，TS_201807_GLB. nc。

六、实验原理方法

1. 地转流的定义

当不考虑海面风的作用时，远离沿岸的大洋中部的大尺度海水流动，基本上是接近水平的，并近似认为是定常的，因此流动是压强梯度力和科氏力平衡的产物，这种流动称之为地转流。由于均匀密度场和非均匀密度场中压强梯度力的分布规律不同，则相应的地转流也有所差异。为了区分，将均匀密度场中的地转流称为倾斜流，而非均匀密度场中的地转流称为梯度流（叶安乐，1992；冯士筰等，1999；Stewart R H，2008）。

2. 地转方程及其求解

地转流的计算方程组是在满足一定的假定条件时，基于海水大尺度运动的方程组推导出来的。假定海面风力作用已停止和假定在相当长一段时间里海面温度变化和降水蒸发变化都不大的情况下，可以认为海水密度场、温度场和盐度场近似于定常，从而相应的海水运动也近似于定常。因此在海水大尺度运动方程组的基础上可推导获得地转流动力计算控制方程组：

$$\begin{cases} 0=-\dfrac{1}{\rho}\dfrac{\partial p}{\partial x}+fv \\ 0=-\dfrac{1}{\rho}\dfrac{\partial p}{\partial y}-fu \\ 0=-\dfrac{1}{\rho}\dfrac{\partial p}{\partial z}-g \\ \dfrac{\partial u}{\partial x}+\dfrac{\partial v}{\partial y}+\dfrac{\partial w}{\partial z}=0 \\ u\dfrac{\partial \theta}{\partial x}+v\dfrac{\partial \theta}{\partial y}+w\dfrac{\partial \theta}{\partial z}=0 \\ u\dfrac{\partial s}{\partial x}+v\dfrac{\partial s}{\partial y}+w\dfrac{\partial s}{\partial z}=0 \\ \rho=f(s,\theta) \end{cases} \tag{5.1}$$

通常称下列两个方程为地转方程

$$0=-\frac{1}{\rho}\frac{\partial p}{\partial x}+fv \tag{5.2}$$

$$0=-\frac{1}{\rho}\frac{\partial p}{\partial y}-fu \tag{5.3}$$

地转方程所描述的运动称之为地转流。

由公式(5.2)和公式(5.3)可以推出地转流水平分量

$$\begin{cases} u=-\dfrac{1}{\rho f}\dfrac{\partial p}{\partial y} \\ v=\dfrac{1}{\rho f}\dfrac{\partial p}{\partial x} \end{cases} \tag{5.4}$$

将公式(5.2)乘以 u,公式(5.3)乘以 v,然后相加可得

$$\vec{V}\cdot\nabla p=0 \tag{5.5}$$

式中,$\vec{V}=u\vec{i}+v\vec{j}$,$\nabla=\dfrac{\partial}{\partial x}\vec{i}+\dfrac{\partial}{\partial y}\vec{j}$。

公式(5.5)表明地转流水平流速与压强梯度垂直,地转流沿着等压线方向流动(图 5.1)。

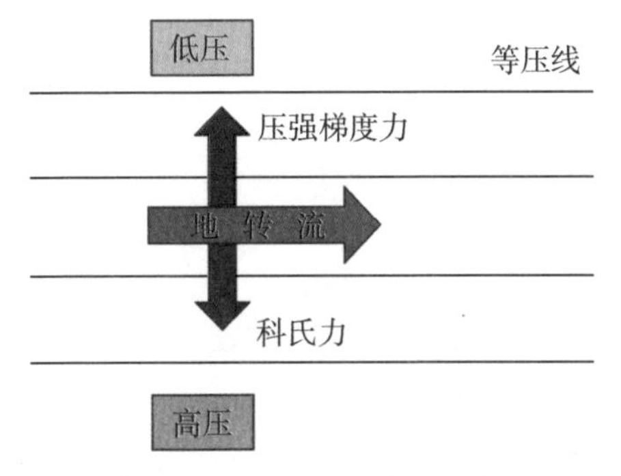

图 5.1 地转流流向特征示意图

为了简化讨论,假设海面只沿 x 方向倾斜$\left(\dfrac{\partial p}{\partial y}=0\right)$,等压面与等势面之间的夹角为 β(图 5.2)。

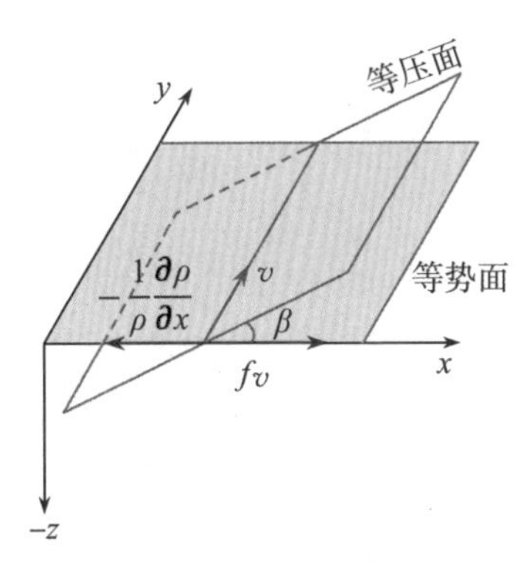

图 5.2 北半球水平压强梯度力和科氏力平衡时的地转流

根据以上假设，则地转方程为

$$-\frac{1}{\rho}\frac{\partial p}{\partial x}+fv=0，则\ v=\frac{1}{\rho f}\frac{\partial p}{\partial x} \tag{5.6}$$

根据静压近似，海水中的压强为

$$0=-\frac{1}{\rho}\frac{\partial p}{\partial z}-g，即\frac{\partial p}{\partial z}=-\rho g \tag{5.7}$$

根据等压面方程

$$\frac{\partial p}{\partial x}\mathrm{d}x+\frac{\partial p}{\partial z}\mathrm{d}z=0 \tag{5.8}$$

结合公式(5.7)和公式(5.8)可得

$$\frac{\partial p}{\partial x}=-\frac{\partial p}{\partial z}\frac{\mathrm{d}z}{\mathrm{d}x}=\rho g\frac{\mathrm{d}z}{\mathrm{d}x} \tag{5.9}$$

结合公式(5.6)和公式(5.9)可得

$$v=\frac{1}{\rho f}\frac{\partial p}{\partial x}=\frac{g}{f}\frac{\mathrm{d}z}{\mathrm{d}x}=\frac{g}{f}\tan\beta$$

即

$$\tan\beta=\frac{fv}{g} \tag{5.10}$$

根据公式(5.4)，理论上，利用各深度上的压强梯度值和密度值，便可求得各深度的地转流水平流速分量 u 和 v。但事实上，等压面的倾斜非常小，根据公式(5.10)可估算产生 1 m/s 的地转流，等压面倾角的正切仅为 10^{-5}，像这样小的倾角是无法测量的，因此计算地转流时，是利用较易观测到的温度和盐度资料，用 Helland-Hansen(海兰一汉森)公式计算。

3. 地转流的计算

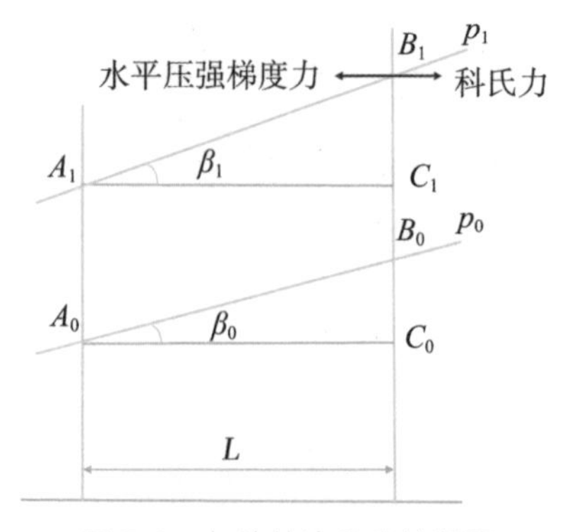

图 5.3　与地转流垂直的断面

如图 5.3 所示，假设在与海流垂直的断面上有 A、B 两站，两站之间的水平距离为 L。任意选取两个等压面 p_1 和 p_0，A_1、A_0 和 B_1、B_0 为两个等压面，分别与 A、B 两站铅直线的交点，β_1 和 β_0 分别为两个等压面的倾角。

$$\tan\beta_1=\frac{B_1C_1}{L}=\frac{B_1C_0-C_1C_0}{L}=\frac{B_1C_0-A_1A_0}{L}$$

$$\tan\beta_0=\frac{B_0C_0}{L}$$

由公式(5.10)可知

$$v_1-v_0=\frac{g}{f}(\tan\beta_1-\tan\beta_0)=\frac{g}{f}\left(\frac{B_1C_0-A_1A_0-B_0C_0}{L}\right)=\frac{g}{fL}(B_1B_0-A_1A_0)$$

两个铅直距离为 dz 的等位势面之间的位势差为

$$\mathrm{d}\varnothing=-g\mathrm{d}z \tag{5.11}$$

所以 B_1 相对于 B_0 的位势和 A_1 相对于 A_1 的位势分别为

$$\Delta\varnothing_B=g\,\overline{B_1B_0}$$

$$\Delta\varnothing_A=g\,\overline{A_1A_0}$$

$$v_1-v_0=\frac{1}{fL}(\Delta\varnothing_B-\Delta\varnothing_A) \tag{5.12}$$

这就是 Helland-Hansen 公式(Sandstorm J W 和 B Helland-Hansen，1903)。该式表示的是两个等压面之间的相对流速，即其流速差，其值的大小取决于 A、B 两个站点的相对位势差。因此地转流流速的计算转化为求等压面上的重力位势水平梯度。

以此类推，对于斜压海洋，以 x 方向为例，可以计算自海面至海底任何两等压面之间的相对流速。

$$v_i-v_{i+1}=\frac{1}{fL}(\Delta\varnothing_{Bi}-\Delta\varnothing_{Ai}) \tag{5.13}$$

Helland-Hansen 公式求的是相对流速，而我们需要求解的是绝对流速，因此在计算地转流时，我们通常会在海底或深水处选取一个流速为零的参考面，称为“零面”(或无运动面)，作为计算起始面，即

$$v_n=0$$

则
$$v_i-v_n=v_i=\frac{1}{fL}\sum_{k=i}^{n-1}(\Delta\varnothing_{Bk}-\sum_{k=i}^{n-1}\Delta\varnothing_{Ak}) \tag{5.14}$$

根据静压方程(5.7)

$$dp=-\rho g dz$$

结合公式(5.11),可得

$$d\varnothing=-gdz=\frac{1}{\rho}dp=\alpha dp \tag{5.15}$$

将其代入公式(5.13),相对流速可表示为

$$v_i-v_{i+1}=\frac{1}{fL}(\alpha_{Bi}\Delta p_i-\alpha_{Ai}\Delta p_i) \tag{5.16}$$

将其代入公式(5.14),相对零速面的流速可表示为

$$v_i-v_n=v_i=\frac{1}{fL}(\sum_{k=i}^{n-1}\alpha_{Bk}\Delta_{pk}-\sum_{k=i}^{n-1}\alpha_{Ak}\Delta p_k) \tag{5.17}$$

在上式中,压强 p 的单位是 Pa,比容 α 的单位是 m^3/kg,L 的单位是 m,$f=2\omega\sin\varphi$,$\omega=7.29\times10^{-5}/s$ 这时对应的流速 v 的单位是 m/s。

在米、克、秒单位制中,位势单位称为动力分米,10 动力分米为 1 动力米,若以动力米为单位,则公式(5.11)为

$$d\varnothing=-\frac{1}{10}gdz$$

对应公式(5.17)为

$$v_i-v_n=\frac{10}{fL}(\sum_{k=i}^{n-1}\alpha_{Bk}\Delta_{p_i}-\sum_{k=i}^{n-1}\alpha_{Ai}\Delta_{p_i}) \tag{5.18}$$

公式(5.18)中采用的是混合单位制,压强 p 的单位是 dbar,比容 α 的单位是 cm^3/g,L 的单位是 m,$f=2\omega\sin\varphi$,$\omega=7.29\times10^{-5}/s$,这时对应的流速 v 的单位是 m/s。

利用 CTD 资料,根据海水状态方程,计算海水的密度或比容,进而计算等压面之间的位势差。

海水的比容 α:

$$\alpha(S,T,p)=\alpha(35,0,p)+\delta(\delta\text{是比容异常})$$

海水的位势高度差:

$$\Delta\varnothing=\alpha\Delta p=\alpha(35,0,p)\Delta p+\delta\Delta p=\Delta\varnothing(p)+\Delta\delta_\varnothing$$

式中,$\Delta\delta_\varnothing$ 是位势异常,代入公式(5.18),可以推得:

$$U_i-U_n=-\frac{10}{fL_y}(\sum_{k=i}^{n-1}\Delta\delta_{\varnothing B_k}-\sum_{k-i}^{n-1}\Delta\delta_{\varnothing A_k}) \tag{5.19}$$

$$V_i-V_n=\frac{10}{fL_x}(\sum_{k=i}^{n-1}\Delta\delta_{\varnothing B_k}-\sum_{k=i}^{n-1}\Delta\delta_{\varnothing A_k}) \tag{5.20}$$

注：利用水文要素计算地转流的局限性

(1) 无运动面的假定只在深水大洋中适用；

(2) 地转流不能随时间演变；

(3) 地转平衡忽略了运动的加速度，当水文站很近时(<50 km)，时间尺度小于几天时，不能用水文资料计算得到地转流；

(4) 地转平衡不适用于赤道，因这里的科氏力近似为0。

七、实验步骤

1. 温、盐、压数据资料读取

根据计算区域的范围(北太平洋6°N～35°N)，进行计算所需数据的选定。

2. 计算格点距离、比容异常及科氏参数(可使用GSW工具箱的函数进行计算)

略。

3. 计算重力位势异常

求解每一层相对流速参考零面的位势异常累加求和。

$$\Delta\delta_{\varnothing_i} = \sum_{k=i}^{n-1} \bar{\delta}_k \Delta p_k \tag{5.21}$$

流速参考零面的选取：

(1) 深海大洋中选择无运动面，即流速相对微弱的层，一般在1 000～2 000 m选取；

(2) 浅海中通常选择海底，然后对不同深度的海底订正即可。

4. 计算地转流速

根据公式(5.19)和公式(5.20)，计算某一深度层的地转流速U_i，V_i。

5. 计算结果可视化

2018年1月北太平洋10 dbar深度层上地转流流场及流速分布如图5.4所示，7月北太平洋10 dbar深度层上地转流流场及流速分布如图5.5所示。

八、实验要求

(1) 预习实验指导书，明确实验目的、内容，掌握实验有关的基本原理方法；

(2) 熟悉与实验有关的编程方法及编程命令语法，了解Matlab中GSW工具箱(参见附录Ⅲ)的用法；

(3) 提交全部的相关源程序、相关数据文件和实验报告，并将所有文件放入同一压缩文件中，文件命名方式：姓名－学号－实验五.zip，确保压缩文件可解压。

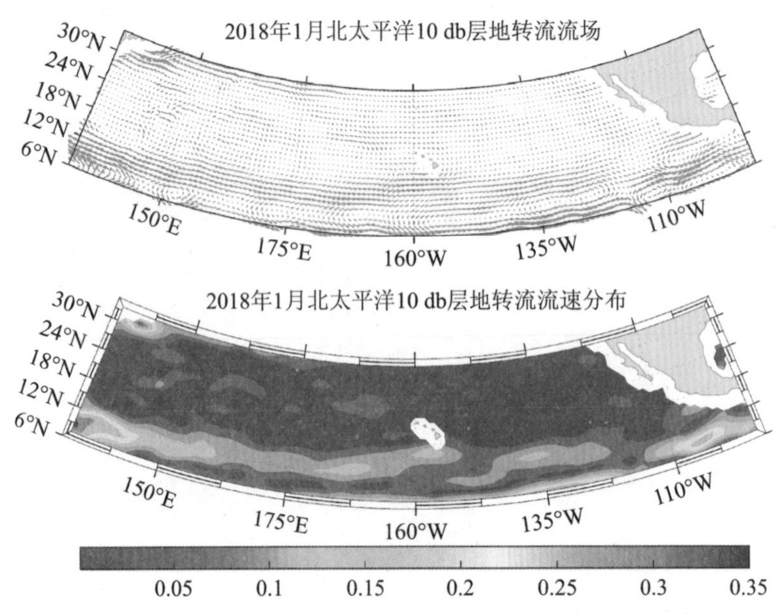

图 5.4　2018 年 1 月北太平洋 10 dbar 深度层上地转流流场分布

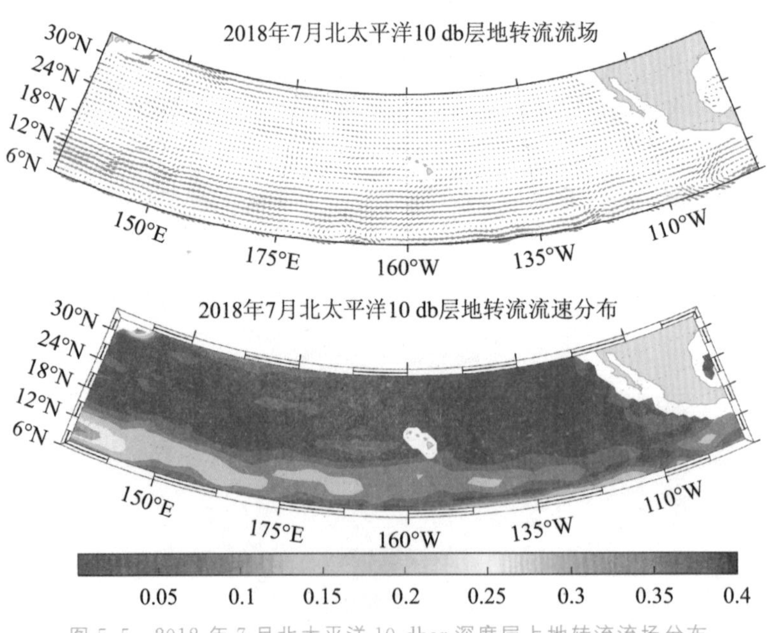

图 5.5　2018 年 7 月北太平洋 10 dbar 深度层上地转流流场分布

九、实验思考

在自行编写的地转流计算程序中采用了哪些近似(插值)?

十、实验报告

实验完成后需要提交实验报告，报告格式、内容等要求如下。

(1) 实验报告格式为 word 或 pdf；

(2) 实验报告模板及其撰写要点详见附录Ⅰ，报告内容宜包括但不限于以下几项：① 实验过程流程图；② 实验过程的程序说明；③ 实验结果可视化图片展示；④ 结果分析与讨论。

注：实验报告内不要包含程序代码，程序的注释直接写在源程序里。

十一、实验拓展

利用本实验的计算结果，计算北赤道流水体输运(参照 Qu 等，1998，计算 26.7 等位势密度面之上部分)，并比较、讨论 1 月和 7 月两月结果的差异。

实验六　海浪资料统计分析

一、实验目的

(1) 掌握基于海浪波面观测资料计算海浪要素及特征波要素的方法；

(2) 通过绘图分析加深对海浪要素的理解。

二、实验意义

海浪是一种复杂的三维随机运动，是对海岸工程、海洋工程起控制作用的环境条件，现场观测是一种对其最直接有效的研究方法。

不管是海浪还是风浪、涌浪还是混合浪，它们在海上出现时，总是表现为不同的波高和周期的变化，因而实际分析海浪时都是通过各种海浪要素进行描述，以表征其特性。通过本实验的训练，可以使学生更好地理解海浪要素的基本概念，掌握海浪要素及特征波要素的计算方法。

三、实验平台

(1) 计算机；

(2) Matlab、Fortran 等软件。

四、实验内容

基于定点海浪波面观测资料计算波浪要素，包括以下几方面：

(1) 画出波面高度时间序列，利用上跨零点或者下跨零点的方法读取数据资料中的波高、周期、波长等要素，并画图展示；

(2) 画出波高概率密度分布，并计算出有效波高和有效波周期；

(3) 基于定点海浪有效波高和波向的长期观测资料计算不同方向上、不同波高海浪的发生概率。

五、实验数据

(1) 定点海浪波面观测资料，一维海浪时间序列。本实验用到的数据是2 048个数据，数据单位为 m，总时间长度为 512 s，时间间隔 0.25 s。

(2) 定点站海浪有效波高和波向一年的观测数据。

六、实验原理方法

1. 波浪要素的定义

我们通常用波浪要素来描述波浪，常用的波浪要素定义如下：

(1) 波峰：波浪剖面高出静水面的部分，其最高点称为波峰；

(2) 波谷：波浪剖面低于静水面的部分，其最低点称为波谷；

(3) 波峰线：垂直波浪传播方向上各波峰的连线；

(4) 波向线：与波峰线正交的线，即波浪传播方向；

(5) 波长：相邻波峰(或波谷)间的水平距离；

(6) 波高：相邻波峰和波谷间的垂直距离；

(7) 波速：波形的传播速度；

(8) 周期：相邻两波峰(或波谷)通过一空间固定点所需的时间；

(9) 波陡：波高与波长之比。

波浪要素示意图如图 6.1 所示。

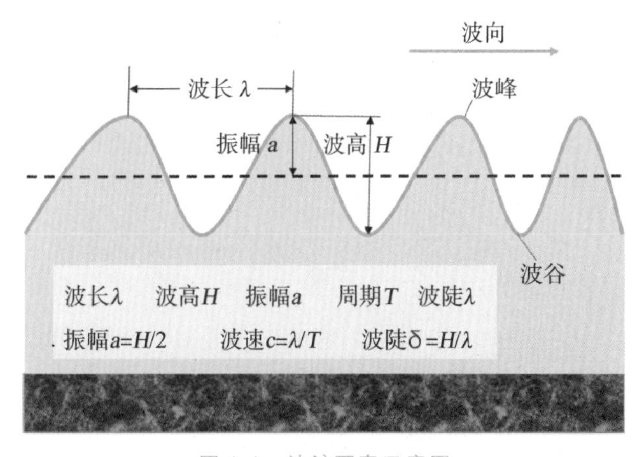

图 6.1　波浪要素示意图

2. 波浪要素的计算

用连续自动记录的遥测重力测波仪进行波浪观测，可以记录到海面上某固定点波面随时间变化的过程线。通过观测资料的处理可以计算波浪的要素值和特征波要素值。

在通过实测波面资料读取海浪的波高和周期时，通常采用的方法就是上（下）跨零点法（Holthuijsen，2007），具体方法描述如下。

(1) 上跨零点法：两个相邻上跨零点的波面变化定义为一个单个波，此二相邻上跨零点的时间间隔为周期 T，周期的平均值为平均周期。两个上跨零点间的最高点为波峰，最低点为波谷，此相邻波峰和波谷之间的垂直距离为波高 H，波高的平均值为平均波高。两个相邻波峰（或波谷）间的水平距离为波长 L，示意图如图 6.2 所示。

(2) 下跨零点法与上跨零点法类似，通常采用下跨零点法，其与目测结果更为一致。

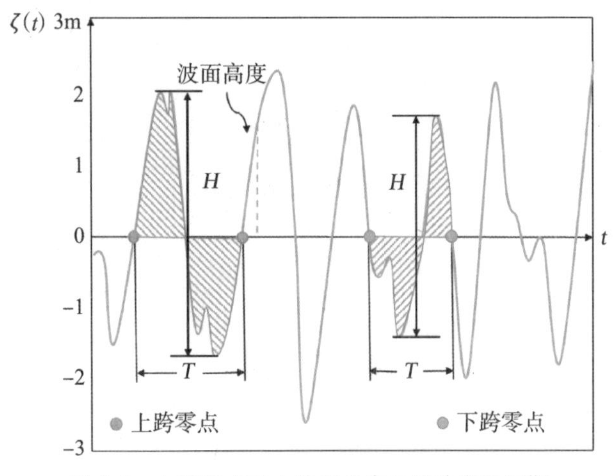

图 6.2 上跨零点和上跨零点定义的波高和周期

3. 海浪特征波要素的计算

由海上固定点观测到的一系列波高和周期，数值杂乱无章、变化多端，必须采用某些统计特征值来表示，尤其是在航行、港口设计中很关心海浪的显著部分。因此，提出了部分大波平均波高的概念。设有一系列观测波高，按其大小排列，其中最高的 P 部分求平均，称之为 P 部分大波平均波高 H_P。

$$H_P = \frac{1}{N_P}\sum_{i=1}^{N_P} H_i$$

式中，N_P 为波列中的前 P 部分对应的总波数。

工程设计中常用的有连续 100 个波中最高的 10 个波的平均值，称为 1/10 大波平均波高，$H_{1/10}$，又称显著波高。波列中最高的 1/3 个大波的平均值，称为 1/3大波平均波高 $H_{1/3}$，又称为有效波高。

4. 不同方向上各级海浪出现频率的计算

定点站的长期海浪观测资料通常包括有效波高和波向，受地形、天气等因素的影响，观测数据随时间通常呈现出显著且复杂的变化，为明确该定点处海浪的变化特征，需要统计计算特定时间尺度（月、季度、年、多年）内各个方向上、各级海浪的出现频率。

基于该统计频率，可进一步绘制如图 6.3 所示的海浪玫瑰图，更加直观地反映观测点处浪高与浪向的分布特征。

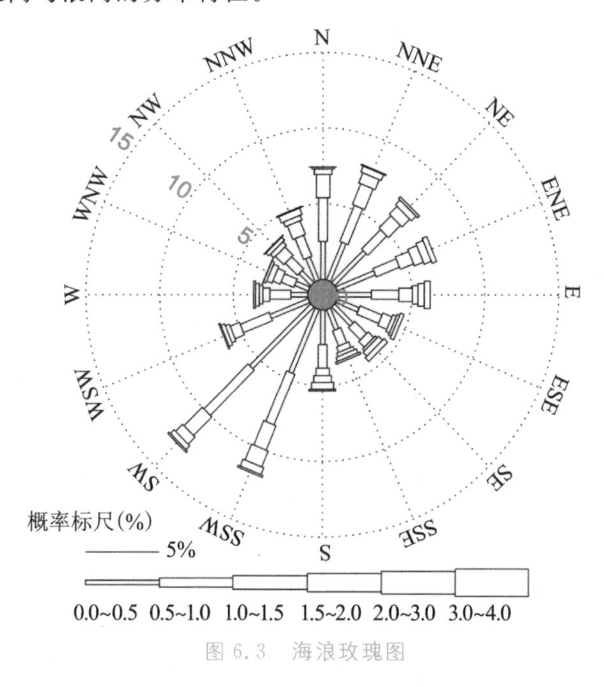

图 6.3　海浪玫瑰图

七、实验步骤

1. 波浪要素计算

（1）对海浪波面观测资料进行平稳性检验，去掉趋势项。

（2）找出均线，确定上跨零点或下跨零点的准确位置。

（3）计算周期、波高。

周期：两相邻上跨零点或下跨零点的时间差；

波高：两相邻上跨零点或下跨零点间波高的最大值和最小值之差。

(4) 建立波高序列及相应的周期序列，如图 6.4 所示。

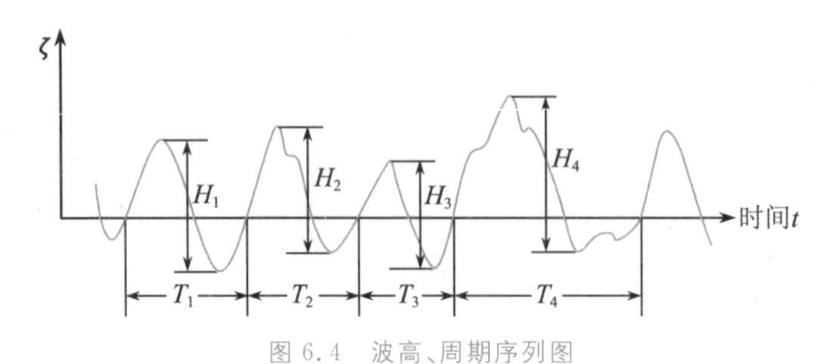

图 6.4　波高、周期序列图

2. 海浪特征波要素计算

(1) 将波高序列按从大到小的方式重新排序得到新的波高序列：

$$\{H_i\}(i=1,2,\cdots N)$$

(2) 将周期与其相应的波高一一对应得到新的周期序列：

$$\{T_i\}(i=1,2,\cdots N)$$

(3) 有效波波高和有效波周期：

$$H_{1/3}=\frac{1}{N_3}\sum_{i=1}^{N_3}H_i$$

$$T_{1/3}=\frac{1}{N_3}\sum_{i=1}^{N_3}T_i$$

$$N_3=[N/3]$$

3. 不同方向上各级海浪出现频率的计算

(1) 将 360°方位均分为多个等份，例如，分为 16 个方向，间隔 22.5°；将有效波高的范围划分为多个区间，对应各级海浪，如图 6.3 所示。

(2) 基于观测点处有效波高和波向的长期观测数据，统计并计算每一个方向范围内各级海浪的发生频率，即对应频数与观测总数的比值。

(3) 基于计算所得的不同方向上各级海浪的出现频率，确定该观测点的主导波向及该波向上的平均有效波高。

八、实验要求

(1) 预习实验指导书，明确实验目的、内容，掌握实验原理方法；

（2）预习实验有关编程方法及其他有关参考资料；

（3）提交全部的相关源程序、相关数据文件和实验报告，并将所有文件放入同一压缩文件中，文件命名方式：姓名—学号—实验六.zip，确保压缩文件可解压。

九、实验思考

对比分别利用波面位移数据和海浪谱数据计算海浪特征参数的方法。

十、实验报告

实验完成后需要提交实验报告，报告格式、内容等要求如下。

（1）实验报告格式为 word 或 pdf；

（2）实验报告模板及其撰写要点详见附录Ⅰ，报告内容宜包括但不限于以下几项：① 实验过程流程图；② 实验过程的程序说明；③ 实验结果可视化图片展示；④ 结果分析与讨论。

注：实验报告内不要包含程序代码，程序的注释直接写在源程序里。

十一、实验拓展

（1）用任一玫瑰图绘制程序绘制海浪玫瑰图并与风玫瑰图做对比；

（2）基于某站多年有效波高的观测数据进行不同重现期波高的极值推算。

附录Ⅰ 实验报告模板

海洋要素计算上机实验报告

学生姓名________ 专业________ 授课教师________ 成绩________

实验名称______________________________

一、实验内容

（注：明确实验内容）

二、实验流程图

（注：以流程图的方式给出实验操作思路）

三、实验步骤

（注：给出实验过程主要步骤的程序说明）

四、实验结果可视化图片展示

（注：以可视化的方式展示实验结果）

五、实验结果分析与讨论

（注：根据相关的理论知识对所得到的实验结果进行解释和分析，也可以写一些本次实验的心得体会，或提出问题和建议）

附录Ⅱ　常用海洋要素数据介绍

1. ERSST 数据

NOAA 扩展重建海面温度 ERSST（Extended Reconstructed Sea Surface Temperature）数据集是源自国际海洋大气综合数据 ICOADS（International Comprehensive Ocean-Atmosphere Dataset）的全球月度海表温度数据集。ERSST 的制作在 2°×2°网格上，使用统计方法增强了空间完整性。数据的最新版本是 ERSSTv5，相比于以往的海温数据，改善了海温的空间和时间变异性，关于该版本的数据信息可参考文献（Huang，B. 等，2017）。

海温月度数据从 1854 年 1 月一直延续到现在，但由于早年数据稀疏，1880 年前分析信号出现阻尼。1880 年后，信号的强度会随着时间的推移更加一致。

2. Argo 客观分析资料

Argo（Array for Real-time Geostrophic Oceanography）是"全球海洋观测业务系统计划（GOOS）"中的一个针对深海区温盐结构观测的子计划。

Argo 客观分析资料是 Argo 实时资料中心对历史 Argo 剖面观测资料进行网格化处理，有的还结合历史上采用其他观测手段（如 CTD、XBT 和卫星高度计等）获得的资料，利用同化技术进行处理，得到的一批 Argo 数据产品。详细的数据说明可参阅中国 Argo 实时资料中心的全球海洋 Argo 原始资料集说明。

3. WOA 数据

世界海洋图集 WOA（World Ocean Atlas）是根据世界海洋数据库 WOD

(World Ocean Database)的剖面数据，进行客观分析、质量控制所获得的温度、盐度、氧气、磷酸盐、硅酸盐和硝酸盐的集合。它可以用来作为各种海洋模型的边界或初始条件，验证数值模拟结果，印证卫星数据等。

WOA 数据目前的最新版本是 WOA 2018，于 2018 年 9 月 30 日发布。数据详细信息请可参考 woa18documentation(Garcia H. E. 等，2019)。

附录Ⅲ 海洋数据处理中常用Matlab工具箱

1. M_Map 工具箱

(1) M_Map 简介

M_Map 是第三方编写的用于 Matlab 的地图工具包，它提供了较丰富且便捷的与地理信息或地图相关的绘图方式，非常适合绘制海洋、大气类的图。

(2) M_Map 下载安装

M_Map 下载地址：

http://www.eos.ubc.ca/~rich/m_map1.4.tar.gz

http://www.eos.ubc.ca/~rich/m_map1.4.zip

M_Map 安装：

将 M_Map 文件夹解压至 Matlab 工具箱所在路径，就可直接使用 M_Map 里的命令绘图。

安装步骤：file—set path—add with subfolders—选择 M_Map 文件夹—save—close(也可以使用“addpath”命令)。

(3) M_Map 的应用

M_Map 可以通过 m_proj 选择的投影种类近 20 种，包括常用的 Lambert、Mercator、Miller、UTM 等。可以测量距离(m_lldist, m_xydist)，绘制等值线(m_contour)，等值线填充图(m_contourf)，矢量图(m_quiver)，栅格图(m_pcolor)等。通过 m_coast 可以获取 1/4 °分辨率的全球海岸线，通过 m_elev 可以提供 1°分辨率的全球高程数据库，同时，通过下载 GSHHS 可以得到更高分辨率的海岸线数据。

2. export_fig 工具箱

(1) export_fig 简介

export_fig 工具箱是一个用于保存 Matlab 生成图像的工具包，它可导出无失真半透明的图片，特别适合于输出或者展示，因为它输出图片的高质量和可移植性，可以有效弥补 Matlab 自带图像输出函数的不足。

(2) export_fig 下载安装

export_fig 下载：

https://github.com/altmany/export_fig

export_fig 安装：

将 export_fig 文件夹解压至 Matlab 工具箱所在路径，就可直接使用 export_fig 里的命令保存图片。

安装步骤：file—set path—add with subfolders—选择 export_fig 文件夹—save—close（也可以使用"addpath"命令）。

(3) export_fig 的应用

存储图片命令：export_fig test.png

export_fig 的常用输入选项有以下几种：

－native 选项：指示输出分辨率（在输出位图格式时）应使得图中找到的第一个合适图像的垂直分辨率为该图像的原始分辨率；

－m＜val＞选项：其中 val 表示在生成位图输出时放大屏幕上图形像素尺寸的因子（不影响矢量格式）。默认值：'－m1'；

－r＜val＞选项：其中 val 表示导出位图和矢量输出的分辨率（以每英寸像素为单位），保持屏幕上图形的尺寸。默认值：'－r864'（仅用于矢量输出）；

－painters 选项：用于指示图片中点一划间距的选项；

－transparent 选项：指示要使图形背景透明的选项（仅限 png，pdf，tif 和 eps 输出）。

更多输入选项可参见官网介绍。

3. T_Tide 调和分析工具箱

(1) T_Tide 简介

T_Tide 工具箱主要用于验潮站潮位资料的调和分析和预报，可提供全球许多台站的潮汐预测。

(2) T_Tide 下载安装

T_Tide 下载:

https://www.eoas.ubc.ca/~rich/#T_Tide

T_Tide 安装:

将 T_Tide 文件夹解压至 Matlab 工具箱所在路径,就可直接使用 T_Tide 里的函数。

安装步骤:file—set path—add with subfolders—选择 T_Tide 文件夹—save—close(也可以使用"addpath"命令)。

(3) T_Tide 的应用

T_Tide 中最常用的两个函数是 t_tide.m 和 t_predic.m,其中 t_tide.m 用于潮汐调和分析,t_predic.m 用于潮汐预报。

关于 T_Tide 分析的理论基础和一些实现细节的描述可以参考文献(Pawlowicza, R. 等, 2002)。

4. GSW 工具箱

4.1 GSW 简介

介绍 GSW 之前,首先需要了解国际海水热力学方程 TEOS-10(The International Thermodynamic Equation of Seawater-2010)。该公式中,海水的所有热力学性质(密度、焓、熵、声速等)都可以以热力学一致的方式导出。TEOS-10 已被 SCOR 和 IAPSO 认可,并在 2009 年 6 月的政府间海洋学委员会第 25 届大会上通过,取代 EOS-80 成为海洋科学中海水和冰特性的官方描述。与过去的方程相比,TEOS-10 的一个显著变化是使用绝对盐度 SA(海水中盐的质量分数),而不是实际盐度 SP(本质上是测量海水电导率的方法)来描述海水的含盐量。海水盐度的单位现在是 g/kg。

GSW(Gibbs Sea Water)是基于 TEOS-10、由 GW127 工作组编写的海水吉布斯函数程序包,海洋工作者使用该程序包可求得海水的各种重要参数(孙永明等,2012)。

4.2 GSW 下载安装

GSW 下载:

www.TEOS-10.org

GSW 安装：

将 GSW_Oceanographic_Toolbox 文件夹解压至命名为“GSW”的文件夹下，并确保 html，library，pdf，thermodynamics_from_t 四个子文件夹已解压。然后将使用“Add with subfolders…”将“GSW”目录添加到 Matlab 路径。

安装步骤：file—set path—add with subfolders—选择 GSW 文件夹—save—close（也可以使用“addpath”命令）。

4.3 GSW 的应用

安装 GSW 海洋学工具箱后，运行命令 gsw_check_functions，检查工具箱是否已正确安装不存在冲突。

运行命令 gsw_front_page 可以访问 GSW 海洋学工具箱的首页。

运行命令 gsw_contents 可以显示软件功能的内容列表，通过点击列表上的功能名称，可以访问 GSW 功能的软件描述和帮助文件。

GSW 海洋学工具箱有近 100 个功能，如能实现密度、熵、焓、保守温度、浮力频率和各种地转流的计算等功能。

附录Ⅳ　分析年观测资料时选取的主要分潮

分析年观测资料时选取的主要分潮

序号	分潮	杜德森数 $n_1\ n_2\ n_3\ n_4\ n_5\ n_6\ n_0$	f	u
长周期分潮				
1	S_a	0 0 1 0 0 0 0	1	0
2	S_{Sa}	0 0 2 0 0 0 0	1	0
3	M_m	0 1 0 −1 0 0 0	/	/
4	$\overline{M}S_f$	0 2 −2 0 0 0 0	M_2	$-M_2$
5	M_f	0 2 0 0 0 0 0	/	/
全日分潮				
6	$2Q_1$	1 −3 0 2 0 0 −1	O_1	O_1
7	σ_1	1 −3 2 0 0 0 −1	O_1	O_1
8	$Q\overline{A}_1$	1 −2 −1 1 0 0 −1	O_1	O_1
9	Q_1	1 −2 0 1 0 0 −1	O_1	O_1
10	QA_1	1 −2 1 1 0 0 −1	O_1	O_1
11	ρ_1	1 −2 2 −1 0 0 −1	O_1	O_1
12	$O\overline{B}_1$	1 −1 −2 0 0 0 −1	O_1	O_1
13	$O\overline{A}_1$	1 −1 −1 0 0 0 −1	O_1	O_1
14	O_1	1 −1 0 0 0 0 −1	/	/

续表

序号	分潮	杜德森数 n_1 n_2 n_3 n_4 n_5 n_6 n_0	f	u
15	OA_1	1 −1 1 0 0 0 −1	O_1	O_1
16	$M\overline{P}_1$	1 −1 2 0 0 0 1	M_2P_1	M_2-P_1
17	M_1	1 0 0 0 0 0 1	/	/
18	χ_1	1 0 2 −1 0 0 1	J_1	J_1
19	$2P\overline{K}_1$	1 1 −4 0 0 0 1	$K_1P_1^2$	$2P_1-K_1$
20	π_1	1 1 −3 0 0 1 −1	P_1	P_1
21	P_1	1 1 −2 0 0 0 −1	1	0
22	S_1	1 1 −1 0 0 0 2	1	0
23	K_1	1 1 0 0 0 0 1	/	/
24	ψ_1	1 1 1 0 0 −1 1	1	0
25	φ_1	1 1 2 0 0 0 1	1	0
26	θ_1	1 2 −2 1 0 0 1	J_1	J_1
27	J_1	1 2 0 −1 0 0 1	/	/
28	$2P\overline{O}_1$	1 3 −4 0 0 0 −1	$O_1P_1^2$	$2P_1-O_1$
29	$S\overline{O}_1$	1 3 −2 0 0 0 1	O_1	$-O_1$
30	OO_1	1 3 0 0 0 0 1	/	/
31	$S\overline{Q}_1$	1 4 −2 −1 0 0 1	O_1	$-O_1$
32	$2K\overline{Q}_1$	1 4 0 −1 0 0 −1	$O_1K_1^2$	$2K_1-O_1$
半日分潮				
33	OQ_2	2 −3 0 1 0 0 2	O_1^2	$2O_1$
34	$MN\overline{S}_2$	2 −3 2 1 0 0 0	M_2^2	$2M_2$
35	$2N_2$	2 −2 0 2 0 0 0	M_2	M_2
36	μ_2	2 −2 2 0 0 0 0	M_2	M_2
37	$N\overline{A}_2$	2 −1 −1 1 0 0 0	M_2	M_2
38	N_2	2 −1 0 1 0 0 0	M_2	M_2
39	NA_2	2 −1 1 1 0 0 0	M_2	M_2
40	ν_2	2 −1 2 −1 0 0 0	M_2	M_2

续表

序号	分潮	杜德森数 $n_1\ n_2\ n_3\ n_4\ n_5\ n_6\ n_0$	f	u
41	$MS\bar{k}_2$	2 0 −2 0 0 0 0	M_2k_2	M_2-k_2
42	$M\bar{A}_2$	2 0 −1 0 0 0 0	M_2	M_2
43	M_2	2 0 0 0 0 0 0	/	/
44	MA_2	2 0 1 0 0 0 0	M_2	M_2
45	$Mk\bar{S}_2$	2 0 2 0 0 0 0	M_2k_2	M_2+k_2
46	λ_2	2 1 −2 1 0 0 2	M_2	M_2
47	L_2	2 1 0 −1 0 0 2	/	/
48	$S\bar{B}_2$	2 2 −4 0 0 0 0	1	0
49	T_2	2 2 −3 0 0 1 0	1	0
50	S_2	2 2 −2 0 0 0 0	1	0
51	R_2	2 2 −1 0 0 −1 2	1	0
52	k_2	2 2 0 0 0 0 0	/	/
53	kA_2	2 2 1 0 0 0 0	k_2	k_2
54	$MS\bar{N}_2$	2 3 −2 −1 0 0 0	M_2^2	0
55	KJ_2	2 3 0 −1 0 0 2	K_1J_1	K_1+J_1
56	$2S\bar{M}_2$	2 4 −4 0 0 0 0	M_2	$-M_2$
57	$Sk\bar{M}_2$	2 4 −2 0 0 0 0	k_2+M_2	k_2-M_2
58	$2S\bar{N}_2$	2 5 −4 −1 0 0 0	M_2	$-M_2$
三分日分潮				
59	O_3	3 −3 0 0 0 0 1	O_1^3	$3O_1$
60	MQ_3	3 −2 0 1 0 0 −1	M_2O_1	M_2+O_1
61	MO_3	3 −1 0 0 0 0 −1	M_2O_1	M_2+O_1
62	M_3	3 0 0 0 0 0 2	/	/
63	SO_3	3 1 −2 0 0 0 −1	O_1	O_1
64	MK_3	3 1 0 0 0 0 1	M_2K_1	M_2+K_1
65	SK_3	3 3 −2 0 0 0 1	K_1	K_1
66	K_3	3 3 0 0 0 0 −1	K_1^3	$3K_1$

续表

序号	分潮	杜德森数 $n_1\ n_2\ n_3\ n_4\ n_5\ n_6\ n_0$	f	u
四分日分潮				
67	$3M\overline{S}_4$	4 −2 2 0 0 0 0	M_2^3	$3M_2$
68	MN_4	4 −1 0 1 0 0 0	M_2^2	$2M_2$
69	$2M\overline{A}_4$	4 0 −1 0 0 0 0	M_2^2	$2M_2$
70	M_4	4 0 0 0 0 0 0	M_2^2	$2M_2$
71	$2MA_4$	4 0 1 0 0 0 0	M_2^2	$2M_2$
72	SN_4	4 1 −2 1 0 0 0	M_2^2	M_2
73	$MS\overline{A}_4$	4 2 −3 0 0 0 0	M_2^2	M_2
74	MS_4	4 2 −2 0 0 0 0	M_2^2	M_2
75	MSA_4	4 2 −1 0 0 0 0	M_2^2	M_2
76	Mk_4	4 2 0 0 0 0 0	M_2k_2	M_2+k_2
77	S_4	4 4 −4 0 0 0 0	1	0
78	Sk_4	4 4 −2 0 0 0 0	k_2	k_2
五分日分潮				
79	MNO_5	5 −2 0 1 0 0 −1	$M_2^2O_1$	$2M_2+O_1$
80	$2MO_5$	5 −1 0 0 0 0 −1	$M_2^2O_1$	$2M_2+O_1$
81	MSQ_5	5 0 −2 0 0 0 −1	M_2O_1	M_2+O_1
82	MNK_5	5 0 0 1 0 0 1	M_2K_1	$2M_2+K_1$
83	MSO_5	5 1 −2 0 0 0 −1	M_2O_1	M_2+O_1
84	$2MK_5$	5 1 0 0 0 0 1	$M_2^2K_1$	$2M_2+K_1$
85	MSP_5	5 3 −4 0 0 0 −1	M_2P_1	M_2+P_1
86	MSK_5	5 3 −2 0 0 0 1	M_2K_1	M_2+K_1
六分日分潮				
87	$2MN_6$	6 −1 0 1 0 0 0	M_2^3	$3M_2$
88	M_6	6 0 0 0 0 0 0	M_2^3	$3M_2$
89	MSN_6	6 1 −2 1 0 0 0	M_2^2	$2M_2$
90	$2MS_6$	6 2 −2 0 0 0 0	M_2^2	$2M_2$

续表

序号	分潮	杜德森数 $n_1\ n_2\ n_3\ n_4\ n_5\ n_6\ n_0$	f	u
91	$2Mk_6$	6 2 0 0 0 0 0	$M_2^2k_2$	$2M_2+k_2$
92	$2SM_6$	6 4 −4 0 0 0 0	M_2	$2M_2$
93	MSk_6	6 4 −2 0 0 0 0	M_2k_2	M_2+k_2
七分日分潮				
94	$3MO_7$	7 −1 0 0 0 0 −1	$M_2^3O_1$	$3M_2+O_1$
95	$2MSO_7$	7 1 −2 0 0 0 −1	$M_2^2O_1$	$2M_2+O_1$
96	$3MK_7$	7 1 0 0 0 0 1	$M_2^3K_1$	$3M_2+K_1$
97	$2MSK_7$	7 3 −2 0 0 0 1	$M_2^2K_1$	$2M_2+K_1$
八分日分潮				
98	$3MN_8$	8 −1 0 1 0 0 0	M_2^4	$4M_2$
99	M_8	8 0 0 0 0 0 0	M_2^4	$4M_2$
100	$2MSN_8$	8 1 −2 1 0 0 0	M_2^3	$3M_2$
101	$3MS_8$	8 2 −2 0 0 0 0	M_2^3	$3M_2$
102	$MSNk_8$	8 3 −2 1 0 0 0	$M_2^2k_2$	$2M_2+k_2$
103	$2M2S_8$	8 4 −4 0 0 0 0	M_2^2	$2M_2$
104	$2MSk_8$	8 4 −2 0 0 0 0	$M_2^2k_2$	$2M_2+k_2$
九分日分潮				
105	$3MSO_9$	9 1 −2 0 0 0 −1	$M_2^3O_1$	$3M_2+O_1$
106	$2M2SO_9$	9 3 −4 0 0 0 −1	$M_2^2O_1$	$2M_2+O_1$
107	$3MSK_9$	9 3 −2 0 0 0 1	$M_2^3K_1$	$3M_2+K_1$
108	$2M2SK_9$	9 5 −4 0 0 0 1	$M_2^2K_1$	$2M_2+K_1$
十分日分潮				
109	$3MSN_{10}$	10 1 −2 1 0 0 0	M_2^4	$4M_2$
110	$4MS_{10}$	10 2 −2 0 0 0 0	M_2^4	$4M_2$
111	$2M2SN_{10}$	10 3 −4 1 0 0 0	M_2^3	$3M_2$
112	$2MSNk_{10}$	10 3 −2 1 0 0 0	$M_2^3k_2$	$3M_2+k_2$
113	$3M2S_{10}$	10 4 −4 0 0 0 0	M_2^3	$3M_2$

续表

序号	分潮	杜德森数 n_1 n_2 n_3 n_4 n_5 n_6 n_0	f	u
十一分日分潮				
114	$4MSO_{11}$	11 1 −2 0 0 0 −1	$M_2^4O_1$	$4M_2+O_1$
115	$3M2SO_{11}$	11 3 −4 0 0 0 −1	$M_2^3O_1$	$3M_2+O_1$
116	$4MSK_{11}$	11 3 −2 0 0 0 1	$M_2^4K_1$	$4M_2+K_1$
117	$3M2SK_{11}$	11 5 −4 0 0 0 1	$M_2^3K_1$	$3M_2+K_1$
十二分日分潮				
118	$3M2SN_{12}$	12 3 −4 1 0 0 0	M_2^4	$4M_2$
119	$3MSNk_{12}$	12 3 −2 1 0 0 0	$M_2^4k_2$	$4M_2+k_2$
120	$4M2S_{12}$	12 4 −4 0 0 0 0	M_2^4	$4M_2$
121	$2M2SNk_{12}$	12 5 −4 1 0 0 0	$M_2^3k_2$	$3M_2+k_2$
122	$3M3S_{12}$	12 6 −6 0 0 0 0	M_2^3	$3M_2$
注:表中 f,u 值为“/”的分潮,其 f,u 的计算请根据书中实验四表 4.1 的公式计算。				

(引自《海洋水文环境要素分析方法》(左军成等,2018)附表 4)

参考文献

[1] 陈宗镛. 潮汐学[M]. 北京:科学出版社，1980.

[2] 陈上及，马继瑞. 海洋数据处理分析方法及其应用[M]. 北京:海洋出版社，1991.

[3] 方国洪，郑文振，陈宗镛. 潮汐和潮流的分析和预报[M]. 北京:海洋出版社，1986.

[4] 冯士筰，李凤岐，李少菁. 海洋科学导论[M]. 北京:高等教育出版社，1999.

[5] GBT 14914. 2—2019. 海洋观测规范 第 2 部分:海滨观测[S].

[6] 黄祖珂，黄磊. 潮汐原理与计算[M]. 青岛:中国海洋大学出版社，2005.

[7] 林晓彤. Fortran90 程序基础[M]. 青岛:中国海洋大学出版社，2006.

[8] 彭国伦. Fortran95 程序设计[M]. 北京:中国电力出版社，2002.

[9] 石景元，路川藤. 潮汐调和分析与应用研究[J]. 海洋技术学报，2019，38(06):46—50.

[10] 施能. 气象统计预报[M]. 北京:气象出版社，2009.

[11] 孙永明，史久新，阳海鹏. 海水热力学方程 TEOS-10 及其与海水状态方程 EOS—80 的比较[J]. 地球科学进展，2012，27(9):1014—1025.

[12] 杨扬，苗庆生等. 海洋站观测资料的质量控制方法及其应用[J]. 海洋开发与管理，2017(10):109—113.

[13] 姚嘉惠，肖林翔等. 太平洋年代际振荡对中国东部季风区降水影响的

新证据[J]. 中国科学:地球科学,2018,48(5):617—627.

[14] 叶安乐,李凤岐. 物理海洋学[M]. 青岛:青岛海洋大学出版社,1992.

[15] 左军成,杜凌等. 海洋水文环境要素分析方法[M]. 北京:科学出版社,2018.

[16] Garcia, H. E. et al. World Ocean Atlas 2018: Product Documentation. A. Mishonov, Technical Editor[M/OL]. https://data. nodc. noaa. gov/woa/WOA18/DOC/woa18documentation. pdf.

[17] Huang, B. et al. Extended Reconstructed Sea Surface Temperature Version 5(ERSSTv5): Upgrades, Validations, and Intercomparisons[J]. Journal of Climate, 2017, 30:8179—8205.

[18] Holthuijsen, L. H.. Waves in Oceanic and Coastal Waters[M]. Cambridge University Press, 2007.

[19] Mantua, N. J., Hare, S. R.. The Pacific Decadal Oscillation[J]. Journal of Oceanography, 2002, 58(1): 35—44.

[20] Pawlowicz, R., Beardsley, B. Lentz, S.. Classical Tidal Harmonic Analysis Including Error Estimates in Matlab using T_TIDE[J]. Computers&Geosciences, 2002, 28(8): 929—937.

[21] Qu, T., Mitsudera, H., Yamagata T.. On the Western Boundary Currents in the Philippine Sea[J]. J. Geophys. Res., 1998, 103(C4): 7537—7548.

[22] Sandstorm J. W., Helland-Hansen, B.. Uber die Berechung von Meeresstre Mungen, Reports on Norwegian Fishery and Marine Investigations, 1903, Bd. 2, Mr. 4.

[23] Stewart, R. H. (2008): Introduction to Physical Oceanography [M/OL]. https://earthweb. ess. washington. edu/booker/ESS514/stewart/stewart_ocean_book. pdf.